新型职业农民培训 系列教材

农产品质量安全读本

●徐玉红　　王群生　　主编

U0272311

中国农业科学技术出版社

图书在版编目（CIP）数据

农产品质量安全读本／徐玉红，王群生主编．—北京：中国农业科学技术出版社，2014.6
（新型职业农民培训系列教材）
ISBN 978-7-5116-1673-9

Ⅰ.①农… Ⅱ.①徐…②王… Ⅲ.①农产品-质量管理-安全管理-技术培训-教材 Ⅳ.①F326.5

中国版本图书馆 CIP 数据核字（2014）第 113826 号

责任编辑	徐　毅　张志花
责任校对	贾晓红
出 版 者	中国农业科学技术出版社
	北京市中关村南大街 12 号　邮编：100081
电　　话	（010）82106636（编辑室）　（010）82109702（发行部）
	（010）82109709（读者服务部）
传　　真	（010）82106631
网　　址	http://www.castp.cn
经 销 者	各地新华书店
印 刷 者	北京建宏印刷有限公司
开　　本	850mm×1168mm　1/32
印　　张	7.625
字　　数	200 千字
版　　次	2014 年 6 月第 1 版　2020 年 10 月第 9 次印刷
定　　价	24.00 元

新型职业农民培训系列教材

《农产品质量安全读本》

编 委 会

主 任　徐玉红

副主任　王金栓　张伟霞　郭春生
　　　　彭晓明

主 编　徐玉红　王群生

副主编　买可静　丁俊杰　王盛荣
　　　　胡庆庆

编 者　张红铎　李应民　王晓黛
　　　　李焕英　程海芝　李爱英

序

  我国正处在传统农业向现代农业转化的关键时期，大量先进的农业科学技术、农业设施装备、现代化经营理念越来越多地被引入到农业生产的各个领域，迫切需要高素质的职业农民。为了提高农民的科学文化素质，培养一批"懂技术、会种地、能经营"的真正的新型职业农民，为农业发展提供技术支撑，我们组织专家编写了这套《新型职业农民培训系列教材》丛书。

  本套丛书的作者均是活跃在农业生产一线的专家和技术骨干，围绕大力培育新型职业农民，把多年的实践经验总结提炼出来，以满足农民朋友生产中的需求。图书重点介绍了各个产业的成熟技术、有推广前景的新技术及新型职业农民必备的基础知识。书中语言通俗易懂，技术深入浅出，实用性强，适合广大农民朋友、基层农技人员学习参考。

  《新型职业农民培训系列教材》的出版发行，为农业图书家族增添了新成员，为农民朋友带来了丰富的精神食粮，我们也期待这套丛书中的先进实用技术得到最大范围的推广和应用，为新型职业农民的素质提升起到积极地促进作用。

高地钦

2014 年 5 月

前　言

　　随着收入水平的不断提高，人们对农产品安全更为关注。特别是近年来，毒奶粉、毒大米、毒木耳、毒肉、毒油、膨大剂水果、避孕药速肥黄鳝等事件相继发生，严重影响了广大消费者的身体健康和生命安全，也影响了我国农业的可持续发展。因此，加强农产品质量安全管理势在必行，并且这也引起了党和国家的高度重视。2001 年，农业部在全国范围内启动实施了"无公害食品行动计划"，2005 年，农业部发布《关于发展无公害农产品、绿色食品、有机农产品的意见》，确立了无公害农产品、绿色食品、有机农产品"三位一体，整体推进"的发展思路。2006 年，我国第一部农产品质量安全管理专门法律《中华人民共和国农产品质量安全法》颁布（全书简称《农产品质量安全法》）。这部法律从我国农业生产的实际出发，以全过程质量安全控制为理念，明确了农产品质量安全标准的强制实施制度、农产品产地安全管理制度、农产品包装和标识管理制度、农产品质量安全监督检查制度、风险评估制度、信息发布制度和责任追究制度，标志着我国农产品质量安全工作进入依法监管的新阶段，成为我国农产品质量安全发展史上的重要里程碑。2009年6月1日，《中华人民共和国食品安全法》颁布实施，进一步完善了我国食品安全法律制度，对于进一步加强农产品质量安全工作，增强农产品质量安全监管工作的规范性、科学性和有效性，保障人民群众身体健康与生命安全具有重要的意义。

本书对农产品质量安全及相关概念，农产品质量安全生产技术，有关农产品质量安全质量认证等方面进行了介绍。由于编写时间仓促，编者水平有限，对书中的错误和纰漏，敬请广大读者批评指正。

编　者

2014年5月

目　　录

第一章　农产品质量安全概述

第一节　农产品范围及其质量安全内涵

农产品范围直接关系到各部门管理职责的定位和管理范围的确定，是一个事关农产品质量安全管到什么程度，管到什么环节的问题。总体上看，农产品的定义目前是多种多样，说法不一。《农产品质量安全法》称农产品，是指来源于农业的初级产品，即在农业活动中获得的植物、动物、微生物及其产品。国际公认和国内普遍认可的观点，农产品是指动物、植物、微生物产品及其初加工品，包括食用和非食用两个方面。在农产品质量安全管理方面，农产品泛指食用农产品，包括鲜活农产品及其直接加工品。

农产品质量安全，通常有3种认识：一是把质量安全作为一个词组，是农产品安全、优质、营养要素的综合，这个概念被现行的国家标准和行业标准所采纳，但与国际通行说法不一致。二是指质量中的安全因素，从广义上讲，质量应当包含安全，之所以叫质量安全，是要在质量的诸因子中突出安全因素，引起人们的关注和重视。这种说法符合目前的工作实际和工作重点。三是指质量和安全的组合，质量是指农产品的外观和内在品质，即农产品的使用价值、商品性能，如营养成分、色香味和口感、加工特性以及包装标识；安全是指农产品的危害因素，如农药残留、兽药残留、重金属污染等对人和动植物以及环境存在的危害与潜在危害。这种说法符合国际通行原则，也是将来管理分类的方向。从三种定义的分析可以看出，农产品质量安全概念是在不断发展变化的，应当说在不同的时期和不同的发展阶段对农产品的质量安全有各自的理解。目的是抓住主要矛盾，解决各个时期和各个阶段面临的突出问题。从发展趋势看，大多是先笼统地抓质量安全，启用第一种概念；进而突出安全，推崇第二种概念；最后在安全问题解决的基础上重点是提高品质，抓好质量，也就是推广第三种概念。总体上讲，生产出既安全又优质的农产品，既是农业生产的根本目的，也是农产品市场消费的基本要求，更是农产品市场竞争的内涵和载体。

第二节　农产品质量安全技术体系

农产品质量安全技术体系应包括农产品安全监管体系、农产品安全科技支撑体系、农产品安全标准体系、农产品安全检测体系、农产品质量安全认证体系、农产品安全信息体系、农产品突发事件应急体系、农产品安全管理体系和农产品法律法规体系。这里主要介绍我国的农产品质量安全标准体系、农产品质量安全检验检测体系、农业技术推广体系和农产品认证认可体系。

一、农产品质量安全标准体系

农产品质量安全标准体系是农业标准体系中涉及农产品安全和质量中强制执行的技术规范的有机系统。我国现行的农产品卫生标准、无公害食品系列标准等相关的强制性国家标准和行业标准都属于农产品质量安全标准。农业标准体系范围包括种植业、畜牧业、渔业等行业所制定的标准。种植业包含水稻、小麦、玉米、大豆、油菜、棉花、蔬菜、水果、茶叶、花卉、食用菌、糖料、麻类、橡胶等不同产品所制定的标准；畜牧业包含猪、牛、羊、鸡、鸭、兔、蜂、饲料等产品所制定的标准；渔业包含鱼、虾、贝、藻等产品所制定的标准。我国现行农业标准体系的层级，则由农业国家标准、行业标准、地方性标准和企业标准 4 级组成，国家标准、行业标准和地方标准 3 个层级为政府性标准。目前我国已制定颁布农产品质量安全国家标准 1 281 项，行业标准 3 272 项，地方标准 7 000 余项，另有加工食品国家标准和行业标准 671 项，初步建立了农产品及食品质量安全标准体系框架。

二、农产品质量安全检验检测体系

从 20 世纪 80 年代中期开始，按照国家关于加快建立健全农产品质量安全检验检测体系的有关要求，从农业产业发展的客观需要出发，加强了农产品质量安全检验检测体系的建设和管理工作。农业部以基础条件良好的中央和省属农业科研、教学、技术推广单位为依托，利用现有的专业技术人员和实验条件，通过授权认可和国家计量认证的方式，分 4 批规划建设了 12 个国家级农产品（含农业生态环境、农业投入品，下同）质检中心和 268 个部级农产品质检中心。此外，各地农业部门还相继建立了省级农产品质检机构 219 个，地（市）级农产品检验机构 439 个，县级农产品质检站 1 122 个。经过多年的规划建设，目前，我国部、省、县三级构成的农产品质量安全检验检测体系已初具规模，质检机构的检测条件有了一定的改善，从业人员素质得到了显著提高，检测能力基本能满足我国重点行业和重点产品现有国家、行业标准和地方标准的规定要求。这些质检机构在促进我国农产品质量安全水平的全面提高，保障农产品消费安全方面发挥了重要作用。

三、农业技术推广体系

农业技术推广体系是农业社会化服务体系和国家对农业支持保护体系的重要组成部分，是实施农产品质量安全的重要载体。经过多年的努力，我国已初步形成了比较健全的农业技术推广体

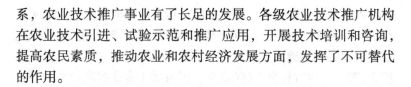

系，农业技术推广事业有了长足的发展。各级农业技术推广机构在农业技术引进、试验示范和推广应用，开展技术培训和咨询，提高农民素质，推动农业和农村经济发展方面，发挥了不可替代的作用。

四、农产品认证认可体系

认证是指由具有资质的专门机构证明产品、服务、管理体系符合相关技术规范的强制性要求或者标准的合格性评定活动，其基本功能是为市场或消费者提供符合标准和技术规范要求的产品、服务和管理体系信息。农产品质量认证始于 20 世纪初美国开展的农作物种子认证，并以有机食品认证为代表。我国农产品认证始于 20 世纪 90 年代初农业部实施的绿色食品认证。20 世纪 90 年代后期，国内的一些机构引入国外有机食品标准，实施了有机食品认证。2001 年，为全面提高农产品质量安全水平，农业部提出了无公害农产品的概念，并组织实施了"无公害食品行动计划"，2003 年实现了统一标准、统一标志、统一程序、统一管理、统一监督的全国统一无公害农产品认证。无公害农产品、绿色食品和有机食品（农产品），三者简称"三品"。国家认监（中国国家认证认可监督管理委员会）委致力于推动建立包括有机产品认证在内的、与国际接轨的食品农产品认证认可体系，在农业部、商务部、发改委、环保部等各相关部门大力支持下，目前已基本建立了贯穿"从农田到餐桌"全过程，覆盖了种植、养殖、生产加工、贮存、运输、销售等各个环节的食品、农产品认证认可体系，主要包括饲料产品认证、良好农业规范（GAP）认证、无公害农产品认证、绿色食品认证、有机产品认证、地理标志认证、危害分析与关键控制点（HACCP）/食品安全管理体系认证、食品质量—酒类认证、绿色市场认证等。目前，我们正在落实国务院《乳制品质量安全监督条例》的要求，积极建立乳制品生产企业良好生产规范（GMP）认证和乳制品危害分析与关键控制点体系（HACCP）认证制度。至此我国食品农产品认证种类已达 10 种。这些认证制度的推行与实施，为提高我国食品农产品生产和管理水平，保障食品和农产品质量安全，促进我国产品进入国际市场发挥了重要作用。

农产品质量安全认证在我国是一项新兴的事业，有一个适应新阶段农业发展战略目标和任务要求，不断探索、总结规律、创新模式、规范完善、提高水平的过程。今后，随着我国农业发展水平的不断提高，农产品质量安全保障体系的逐步完善，国家有关法律法规的建立健全，农产品质量安全认证将朝着更科学、更规范、更有效率的方向健康地加快发展。

第三节　农产品质量安全总体要求

一、产地环境管理要求

农产品产地环境对农产品质量安全具有直接、重大的影响。近年来，因为农产品产地的土壤、大气、水体被污染而严重影响农产品质量安全的问题时有发生。抓好农产品产地管理，是保障农产品质量安全的前提。农产品质量安全法规定，县级以上政府应当加强农产品产地管理，改善农产品生产条件。禁止违反法律、法规的规定向农产品产地排放或者倾倒废水、废气、固体废物或者其他有毒有害物质；禁止在有毒有害物质超过规定标准的区域生产、捕捞、采集农产品和建立农产品生产基地。县级以上地方政府农业主管部门按照保障农产品质量安全的要求，根据农产品品种特性和生产区域大气、土壤、水体中有毒有害物质状况等因素，认为不适宜特定农产品生产的，应当提出禁止生产的区域，报本级政府批准后公布执行。

二、农业投入品管理要求

要按照《农药管理条例》《兽药管理条例》《饲料及饲料添加剂管理条例》《中华人民共和国种子法》等法律法规，健全农业投入品市场准入制度，引导农业投入品的结构调整与优化，逐步淘汰高残毒农业投入品，发展高效低残毒产品。要建立农业投入品监测、禁用、限用制度，加强对农业投入品的市场监管，严厉打击制售和使用假冒伪劣农业投入品的行为。重点是加强对甲胺磷、对硫磷、甲基对硫磷、久效磷和磷胺5种高毒有机磷农药禁止销售和使用的工作。

三、标准化生产要求

农业标准化是指运用"统一、简化、协调、优选"的原则，对农业生产产前、产中、产后全过程，通过制定标准和实施标准，促进先进的农业科技成果和经验较快地得到推广应用。按标准组织生产是规范生产经营行为的重要措施，是工业化理念指导农业的重要手段，是确保农产品质量安全的根本之策。农业标准化生产基地是指基地环境符合有关标准要求，在生产过程中严格按现行标准进行标准化管理的农业生产基地。标准化基地是标准化建设的重要内容，是在农业生产环节实践农业标准的主要手段，也是从源头解决农产品质量安全问题的重要措施。具体要求有：农产品生产者应当按照法律、行政法规和国务院农业行政主管部门的规定，合理使用农业投入品，严格执行农业投入品使用安全间隔期或者休药期的规定；农产品生产企业、农民专业合作经济组织应当建立农产品生产记录，禁止伪造农产品生产记录。

四、农产品包装和标识要求

农产品质量安全法对农产品的包装和标识要求逐步建立农产

品的包装和标识制度，对于方便消费者识别农产品质量安全状况，对于逐步建立农产品质量安全追溯制度，都具有重要作用。农产品质量安全法对于农产品包装和标识的规定主要包括：①对国务院农业主管部门规定在销售时应当包装和附加标识的农产品，农产品生产企业、农民专业合作经济组织以及从事农产品收购的单位或者个人，应当按照规定包装或者附加标识后方可销售；属于农业转基因生物的农产品，应当按照农业转基因生物安全管理的规定进行标识。依法需要实施检疫的动植物及其产品，应当附具检疫合格的标志、证明。②农产品在包装、保鲜、贮存、运输中使用的保鲜剂、防腐剂和添加剂等材料，应当符合国家有关强制性的技术规范。③销售的农产品符合农产品质量安全标准的，生产者可以申请使用无公害农产品标识；农产品质量符合国家规定的有关优质农产品标准的，生产者可以申请使用相应的农产品质量标志。

五、农产品质量安全监督检查制度要求

依法实施对农产品质量安全状况的监督检查，是防止不符合农产品质量安全标准的产品流入市场、进入消费，危害人民群众健康、安全后果的必要措施，是农产品质量安全监管部门必须履行的法定职责。农产品质量安全法规定的农产品质量安全监督检查制度的主要内容包括。

（1）县级以上政府农业主管部门应当制定并组织实施农产品质量安全监测计划，对生产中或者市场上销售的农产品进行监督抽查，监督抽查结果由省级以上政府农业主管部门予以公告，以保证公众对农产品质量安全状况的知情权。

（2）监督抽查检测应当委托具有相应的检测条件和能力的检测机构承担，并不得向被抽查人收取费用。被抽查人对监督抽查结果有异议的，可以申请复检。

（3）县级以上农业主管部门可以对生产、销售的农产品进行现场检查，查阅、复制与农产品质量安全有关的记录和其他资料，调查了解有关情况。对经检测不符合农产品质量安全标准的农产品，有权查封、扣押。

（4）对检查发现的不符合农产品质量安全标准的产品，责令停止销售、进行无害化处理或者予以监督销毁；对责任者依法给予没收违法所得、罚款等行政处罚；对构成犯罪的，由司法机关依法追究刑事责任。

第二章　农产品质量安全基础知识

第一节　无公害农产品、绿色食品及有机食品

一、无公害农产品

无公害农产品是指产地环境、生产过程、产品质量符合国家有关规范要求，经认证合格获得认证证书并允许使用无公害农产品标准标志的直接用作食品的农产品或初加工的农产品。目前，我国无公害农产品认证依据的标准是中华人民共和国农业部颁发的农业行业标准（NY5000 系列标准）。

二、绿色食品

绿色食品是指产自优良环境，按照规定的技术规范生产，实行全程质量控制，无污染、安全、优质并使用专用标志的食用农产品及加工品。农业部发布的推荐性农业行业标准（NY/T），是绿色食品生产企业必须遵照执行的标准。它以国际食品法典委员会（CAC）标准为基础，参照发达国家标准制定，总体达到国际先进水平。

绿色食品标准分为两个技术等级，即 AA 级绿色食品标准和 A 级绿色食品标准。

AA 级绿色食品标准，要求生产地的环境质量符合《绿色食品产地环境质量标准》，生产过程中不使用化学合成的农药、肥料、食品添加剂、饲料添加剂、兽药及有害于环境和人体健康的

生产资料，而是通过使用有机肥、种植绿肥、作物轮作、生物或物理方法等技术，培肥土壤、控制病虫草害、保护或提高产品品质，从而保证产品质量符合绿色食品产品标准要求。

A级绿色食品标准，要求生产地的环境质量符合《绿色食品产地环境质量标准》，生产过程中严格按绿色食品生产资料使用准则和生产操作规程要求，限量使用限定的化学合成生产资料，并积极采用生物学技术和物理方法，保证产品质量符合绿色食品产品标准要求。

三、有机食品

有机食品是指来自于有机农业生产体系，根据国际有机农业生产要求和相应的标准生产加工的，即在原料生产和产品加工过程中不使用化肥、农药、生长激素、化学添加剂、化学色素和防腐剂等化学物质，不使用基因工程技术。并通过独立的有机食品认证机构认证的一切农副产品，包括粮食、蔬菜、水果、奶制品、畜禽产品、蜂蜜、水产品、调料等。

有机农业生产是在生产中不使用人工合成的肥料、农药、生长调节剂和畜禽饲料添加剂等物质，不采用基因工程技术获得的生物及其产物为手段，遵循自然规律和生态学原理，采取一系列可持续发展的农业技术，协调种植业和养殖业的关系，促进生态平衡、物种的多样性和资源的可持续利用的一种农业生产方式。

有机食品与其他食品的显著差别在于，有机食品的生产和加工过程中严格禁止使用农药、化肥、激素等人工合成物质，而一般食品的生产加工则允许有限制地使用这些物质。同时，有机食品还有其基本的质量要求：原料产地无任何污染，生产过程中不使用任何化学合成的农药、肥料、除草剂和生长素等，加工过程中不使用任何化学合成的食品防腐剂、添加剂、人工色素和用有机溶剂提取等，贮藏、运输过程中不能受有害化学物质污染，必须符合国家食品卫生法的要求和食品行业质量标准。

有机食品在不同的语言中有不同的名称，国外最普遍的叫法是 ORGACIC FOOD，在其他语种中也有称生态食品、自然食品等。联合国粮农和世界卫生组织（FAO/WHO）的食品法典委员会（CODEX）将这类称谓各异但内涵实质基本相同的食品统称为"ORGANIC FOOD"，中文译为"有机食品"。

四、有机食品、绿色食品、无公害农产品主要异同点比较

在全面建设小康社会的新阶段，健全农产品质量安全管理体系，提高农产品质量安全水平，增强农产品国际竞争力，是农业和农村经济发展的一个中心任务。为此，农业部经国务院批准，全面启动了"无公害食品行动计划"，并确立了"无公害食品、绿色食品、有机食品三位一体，整体推进"的发展战略。因此，有机食品、绿色食品、无公害食品都是农产品质量安全工作的有机组成部分。有机食品、绿色食品、无公害农产品主要异同点比较见下表。

无公害农产品、绿色食品、有机食品主要异同点比较表

		无公害农产品	绿色食品	有机食品
相同点		1. 都是以食品质量安全为基本目标，强调食品生产"从土地到餐桌"的全程控制，都属于安全农产品范畴 2. 都有明确的概念界定和产地环境标准，生产技术标准以及产品质量标准和包装、标签、运输贮藏标准 3. 都必须经过权威机构认证并实行标志管理		
不同点	投入物方面	严格按规定使用农业投入品，禁止使用国家禁用、淘汰的农业投入品	允许使用限定的化学合成生产资料，对使用数量、使用次数有一定限制	不用人工合成的化肥、农药、生长调节剂和饲料添加剂
	基因工程方面	无限制	不准使用转基因技术	禁止使用转基因种子、种苗及一切基因工程技术和产品

		无公害农产品	绿色食品	有机食品
不同点	生产体系方面	与常规农业生产体系基本相同，也没有转换期的要求	可以延用常规农业生产体系，没有转换期的要求	要求建立有机农业生产技术支撑体系，并且从常规农业到有机农业通常需要 2~3 年的转换期
	品质口味	口味、营养成分与常规食品基本无差别	口味、营养成分稍好于常规食品	大多数有机食品口味好、营养成分全面、干物质含量高
	有害物质残留	农药等有害物质允许残留量与常规食品国家标准要求基本相同，但更强调安全指标	大多数有害物质允许残留量与常规食品国家标准要求基本相同，但有部分指标严于常规食品国家标准，如绿色食品黄瓜标准要求敌敌畏≤0.1 mg/kg，常规黄瓜国家标准要求敌敌畏≤0.2mg/kg	无化学农药残留（低于仪器的检出限）。实际上外环境的影响不可避免，如果有机食品中农药的残留量比常规食品国家标准允许含量低 20 倍以上，可视为符合有机食品标准
	认证方面	省级农业行政主管部门负责组织实施本辖区内无公害农产品产地的认定工作，属于政府行为，将来有可能成为强制性认证	属于自愿性认证，只有中国绿色食品发展中心一家认证机构	属于自愿性认证，有多家认证机构（需经国家认证认可监督管理委员会批准），国家环境保护总局为行业主管部门
	证书有效期	三年	三年	一年

第二节　农产品地理标志、中国良好农业规范（GAP）

一、农产品地理标志

农产品地理标志是指标示农产品来源于特定地域，产品品质和相关特征主要取决于自然生态环境和历史人文因素，并以地域名称冠名的特有农产品标志。2007 年 12 月农业部发布了《农产品地理标志管理办法》，农业部负责全国农产品地理标志的登记工作，农业部农产品质量安全中心负责农产品地理标志登记的审查和专家评审工作。

二、中国良好农业规范（GAP）

1997 年欧洲零售商农产品工作组（EUREP）在零售商的倡导下提出了"良好农业规范（Good Agricultural Practices，简称GAP）"，简称为 EUREPGAP；2001 年 EUREP 秘书处首次将EU-REPGAP 标准对外公开发布。EUREPGAP 标准主要针对初级农产品生产的种植业和养殖业，分别制定和执行各自的操作规范，鼓励减少农用化学品和药品的使用，关注动物福利、环境保护、工人的健康、安全和福利，保证初级农产品生产安全的一套规范体系。它是以危害预防（HACCP）、良好卫生规范、可持续发展农业和持续改良农场体系为基础，避免在农产品生产过程中受到外来物质的严重污染和危害。该标准主要涉及大田作物种植、水果和蔬菜种植、畜禽养殖、牛羊养殖、奶牛养殖、生猪养殖、家禽养殖、畜禽公路运输等农业产业。水产养殖和咖啡种植的 EU-REPGAP 标准正在制订和完善之中。

2003 年我国卫生部制定和发布了"中药材 GAP 生产试点认证检查评定办法"，作为中国官方对中药材生产组织的控制要求。

2003 年 4 月国家认证认可监督管理委员会首次提出在我国食品链源头建立"良好农业规范"体系，并于 2004 年启动了 China-GAP 标准的编写和制定工作，ChinaGAP 标准起草主要参照 EU-REPGAP 标准的控制条款，并结合中国国情和法规要求编写而成，目前，ChinaGAP 标准为系列标准，包括：术语、农场基础控制点与符合性规范、作物基础控制点与符合性规范、大田作物控制点与符合性规范、水果和蔬菜控制点与符合性规范、畜禽基础控制点与符合性规范、牛羊控制点与符合性规范、奶牛控制点与符合性规范、生猪控制点与符合性规范、家禽控制点与符合性规范。国家认证认可监督管理委员会和 FoodPLUS GmbH（为 EU-REP 秘书处）正在将 ChinaGAP 与 EUREPGAP 进行基准比较，以期获得 EUREP 秘书处对 ChinaGAP 的认可，ChinaGAP 标准的发布和实施必将有力地推动我国农业生产的可持续发展，提升我国农产品的安全水平和国际竞争力。

ChinaGAP 认证分为 2 个级别的认证：一级认证要求满足适用模块中所有适用的一级控制点要求，并且在所有适用模块（包括适用的基础模块）中，除果蔬类以外的产品应至少符合每个单个模块适用的二级控制点数量的 90% 的要求，对于果蔬类产品应至少符合所有适用模块中适用的二级控制点总数的 90% 的要求，所有产品均不设定三级控制点的最低符合百分比；二级认证要求所有产品应至少符合所有适用模块中适用的一级控制点总数的 95% 的要求，不设定二级控制点、三级控制点的最低符合百分比。

第三节　农产品质量可追溯制度

可追溯制度（Traceability System）是通过登记的识别码，对商品或行为的历史和使用或位置予以追踪的能力。可追溯性是利用已记录的标记（这种标识对每一批产品都是唯一的，即标记和被追溯对象有一一对应关系，同时，这类标识已作为记录保存）追溯产品的历史（包括用于该产品的原材料、零部件的来历）、应用情况、所处场所或类似产品或活动的能力。

建立农产品质量可追溯制度（Traceability System），从根本上说，就是明确生产、流通各环节上的主体责任，建立责任追究制度。建立可追溯制度的目的在于：当出现产品质量问题时，能够快速有效地查询到出问题的原料或加工环节，必要时进行产品召回，并实施有针对性的惩罚措施，由此来提高产品质量水平。

2002 年，美国国会通过了"生物反恐法案"，将食品安全提高到国家安全战略高度，提出"实行从农场到餐桌的风险管理"。国家对食品安全实行强制性管理，要求企业必须建立产品可追溯制度。2009 年 6 月 17 日，美国通过了《2009 年食品安全加强法》，要求所有加工食品须附有标签，显示进行最后加工的国家名称；所有非加工食品须附有标签，显示原产地。推行安全计划控制风险；遵守食品及药物管理局自愿安全指引的进口商提供快速进境安排；对食品生产商、加工商、运输公司或仓库实施可追溯规定；美国的农产品可追溯制度管理的强制性：所有进口到美国的食品必须经过国家食品药品安全管理局（FDA）或美国农业部（USDA）的登记，经检验合格的才能允许进口。

2002 年，欧盟颁布了第 178/2002 号法规（又称一般食品法），要求从 2005 年 1 月 1 日起，凡是在欧盟国家销售的食品必须具备可追溯性，否则不允许上市销售，并且禁止进口不具备可追溯性的食品。

加拿大于 2002 年 7 月 1 日强制实施牛标识制度，要求所有的牛采用 29 种经过认证的条形码、塑料悬挂耳标或两个电子纽扣耳标来标识初始牛群。到 2008 年，加拿大有 80% 的农业食品联合体实行了农产品可追溯行动。

　　农业部门将以开展农产品质量安全专项整治行动为契机，进一步加大示范、推动、引导、服务力度，全面推进农产品质量安全可追溯管理，进一步提高农产品质量安全保障能力和水平。一是扩大试点范围，健全以《农产品质量安全法》为基础的相关制度，加快可追溯管理步伐。二是继续推进农业标准化生产示范基地建设，加强无公害农产品生产基地建设，增加基地的数量和规模；在农产品标准化生产基地开展全程可追溯制度，通过标准化生产基地的示范作用，扩大辐射面，提高影响力；指导农产品生产企业、农民合作社、认证产品和出口农产品生产基地建立生产档案，推行农产品包装和标识制度。三是完善质量安全追溯机制，农业部会同有关部门规范农产品销售票证，全面推行农产品批发市场索证索票管理，把产地编码、产品编码、生产档案、包装标识、索证索票有机衔接起来，完善从农田到市场的追溯链条。四是逐步建立全国联网的农产品质量安全综合管理信息平台，强化追溯、预警和信息发布。五是加强农产品质量安全管理追溯技术研究，加快农产品编码技术、电子识别技术及电子标签技术的应用。

　　近年来，我国对农产品质量安全追溯理论与实践进行了积极探索。2004 年，农业部启动了 8 城市农产品质量安全监管系统试点工作，狠抓农产品产地安全、农产品生产记录、包装标识和市场准入的全程可追溯管理，并以主要种植业产品、畜产品和水产品为重点，在全国农业标准化示范区（场）、无公害农产品示范县、无规定动物疫病区以及主要农产品规模种养殖场，把质量安全可追溯作为实施农业标准化的重要考核内容，全面推进质量安全追溯管理。同时，加强监督管理，规范农产品标识，强化标识监督检查。农业部优质农产品开发服务中心从 2005 年开始，就组织有关单位开展农产品质量可追溯制度建设调研，在北京、江苏、陕西、福建、天津、浙江等省市启动试点工作。

各地也在农产品追溯制度、市场准入建立等方面开展了积极探索和行动。北京市农业局与河北省农业厅经过2年的努力，建设完成了北京市食用农产品质量安全追溯管理信息平台，目前已服务于负责供应北京农产品的生产经营企业100多家，管理环节横跨生产、包装、加工、零售等各个环节，管理领域已覆盖蔬菜、水果、畜禽、水产等多个领域，并有效支撑了北京奥运会食品安全的管理；上海市政府颁布了《上海市食用农产品安全监管暂行办法》，提出了在流通环节建立"市场档案可溯源制"；天津市率先实施猪肉安全追溯制度的同时，还实行了无公害蔬菜可溯源制，推出网上无公害蔬菜订菜服务；山东寿光等地开展了以条形码为主要手段的"无公害蔬菜质量追溯系统"的研究与建设；江苏南京借鉴国外农产品质量安全管理中产品实行产地编码的先进管理模式，以优质安全农产品标志为质量溯源的重要载体，以南京市农产品质量安全网站为监管平台，启动了农产品质量IC卡管理体系。

第三章 农产品质量安全生产技术

第一节 无公害农产品生产技术

种植业类

一、无公害小麦生产技术

无公害小麦生产技术包括选择合适的产地、整地、优良的品种、种子处理、施肥、科学防治病虫害和适时收获入仓等技术，其中，核心技术是肥料的使用和病虫害的防治。施肥以增施有机肥为主，要农化结合、氮、磷、钾肥配施，最大限度地控制化肥用量，严禁使用高毒、高残留农药，同时，防止收、贮、销过程中的二次污染。

（一）产地选择

生产基地应远离主要交通干线，周边 2km 内没有污染源（如工厂、医院等），产地环境符合农业部发布的无公害农产品基地大气环境质量标准、农田灌溉水质标准及农田土壤标准。种植区土壤应具有较高的肥力和良好的土壤结构，具备获得高产的基础。具体的适宜指标为土壤容重在 1.2 g/cm³ 左右，土壤耕作层空隙度在 50% 以上，有机质含量 1% 以上。

（二）栽培技术

1. 播种期管理

（1）精细整地。播前要按照"早、深、净、细、实、平"标准，及早腾茬、灭茬，高标准、高质量整地。耕层要达到23cm 以上，犁细耙透，上虚下实，地面平坦，无明暗坷垃，以提高土壤保水保肥能力和通透性能。

（2）施足底肥。按照"有机肥和无机肥相结合，氮、磷、钾、微肥相补充"的原则，进行优化配方施肥。宜使用的优质有机肥有堆肥、厩肥、腐熟人畜粪便、绿肥、腐熟的作物秸秆、饼肥等。允许限量使用的化肥及微肥有尿素、碳酸氢铵、硫酸铵、磷肥（磷酸二铵、过磷酸钙、钙镁磷肥等）、钾肥（氯化钾、硫酸钾等）、Cu（硫酸铜）、Fe（氯化铁）、Zn（硫酸锌）、Mn（硫酸锰）、B（硼砂）等。每亩（1 亩 ≈667m²。全书同）施优质粗肥 600 ~ 1 000kg，纯氮 18 ~30 kg（折合尿素 13 ~66 kg 或碳铵 105 ~180 kg），五氧化二磷 6 ~8 kg（折合含磷 12% 的普通过磷酸酸钙 50 ~75 kg）、氧化钾 5 kg（折合硫酸钾 9 ~9.5 kg）、锌肥 1 ~1.5 kg，其他微量元素适量。

（3）土壤和种子处理。每亩用 3% 甲拌磷颗粒剂 1.5 ~2 kg 进行土壤处理，以防治金针虫、地老虎、蛴螬等地下害虫。用 2.5% 适乐时种子包衣剂包衣（或拌种），以防治纹枯病、根腐病、全蚀病等土传根部病害。

（4）播期播量。一般半冬性品种播期为 10 月 5 ~15 日，弱春性品种播期为 10 月 15 ~25 日。应采用精播半精播技术、机械化播种。一般半冬性品种播量 5 ~7kg/亩，弱春性品种播量 7 ~9 kg/亩。

2. 苗期管理

（1）查苗补种、疏苗补缺、破除板结。小麦出苗后，及时进行田间苗情检查，对缺苗（株距达 5cm 以上）断垄的地方，及时进行补苗。在小麦播种至出苗期间，如遇到降水，待地面干燥后及时松土，破除板结，促进种子及早萌发、出苗。

（2）灌冬水。当土壤水分含量低于田间最大持水量的 55% 时应及时灌水。灌水时间以日平均气温稳定在 3 ~4℃时为宜。

3. 中期管理

（1）起身期。在起身初期应进行划锄，以增温、保墒、促进麦苗生育。对于麦田杂草应结合划锄进行清除，尽量避免使用化学除草剂，减少药剂的污染。必须使用化学除草剂时，一定要选用高效易分解的低残留类型药剂，且严格控制药剂用量。

（2）拔节期。结合春季第 1 次肥水重施拔节肥，每亩普施尿素 6~7 kg。红蜘蛛发生地块可用 0.9% 阿维菌素 5 000 倍液或 20% 扫螨净 20 g/亩及时进行防治。

（3）孕穗期。此期是小麦一生叶面积大、绿色部分最多的时期。从发育上看，幼穗分化处于四分体形成期，部分分化的小花开始向两极分化，是需水的临界期。因此，应保证该期土壤中具有充足的水分，土壤含水量低于该生育期适宜的水分含量指标（田间最大持水量的 70%）时要及时灌溉。对叶色发黄、有脱肥现象的麦田可酌量补施适量氮肥，一般用量控制在氮素 2~3 kg/亩。白粉病病株率达 20%~30% 时、锈病病叶率达 2% 以上时，用 12.5% 禾果利 20~40 kg/hm^2 或粉锈宁有效成分 7~10 g/亩，对水 750kg，进行常规喷雾。小麦吸浆虫，每小土样（10cm × 10cm × 20cm）有虫 2 头以上时进行防治，可用 33.5% 甲敌粉或 4.5% 甲基异柳磷粉拌土均匀撒施于麦垄。小麦扬花期如气象预报有 3 天以上连阴雨天气，应在雨前喷施 12.5% 禾果利 1.5g/亩或 40% 多菌灵 50~80 g/亩，预防小麦赤霉病。

4. 后期管理

（1）浇好灌浆水。当麦田土壤水分含量低于适宜的指标（田间最大持水量的 65%）时要及时灌水，以延长叶片功能期，增加粒重。灌水应根据苗情及天气情况掌握好灌水时间和灌水量。

（2）叶面喷肥。搞好叶面喷肥可以加速该期光合产物及后期营养器官中的贮藏物质向籽粒中转运，使小麦生育后期仍保持一定的营养水平，以延长叶片功能，提高根系活力。具体方法是用2%～3%的尿素溶液，于17:00后无风天气条件下喷施40～50kg/亩。对于抽穗期叶色浓绿、发黑不易转色的麦田，可喷施0.3%～0.4%磷酸二氢钾溶液40～50kg/亩。为避免叶面喷肥对籽粒造成污染，喷施时间应严格控制在小麦收获20天以前进行，如喷施期距收获不足20天严禁使用。

（三）病虫草害综合防治技术

1. 科学防治杂草

采用机条播、深耕、施用腐熟肥料，精选麦种，并结合中耕进行人工除草，另外，要根据草情进行化学除草，以阔叶杂草为主的田块使用巨星、好事达等高效低毒无残留农药，以禾本科为主的田块使用骠马、骠灵等高效低毒无残留农药。

2. 综合防治病虫害

病虫害防治要坚持"预防为主，综合防治"的原则。在生物防治上要保护天敌，利用和释放天敌控制有害生物发生，进行以虫治虫，以菌治虫。在物理防治上采取黑光灯、振频、杀虫灯等装置诱杀麦叶蜂、黏虫、蚜虫等，在综合防治的基础上加强病虫的预测预报，科学使用农药。

（1）播种期。主要防治地下害虫、黑穗病、全蚀病及白粉病。防治措施：①选用抗病虫的品种和无病菌种子。小麦黑穗病易发区，留种地选用无病地、播无病种、施无病肥、单收单打。散黑穗病区的留种地要远离生产麦田。白粉病发生区宜选用郑农16、豫麦47、郑麦9023、豫麦54、豫麦49等。②药剂拌种。在小麦黑穗病易发区，用25%粉锈宁可湿性粉剂7g拌小麦种子100kg或50%多菌灵200g拌小麦种子100kg，拌匀后堆闷2～3小时，也可用种子重量的0.2%～0.3%的70%托布津拌种或闷种。也可采用石灰水浸种，方法是用生石灰0.5kg对水50kg浸麦种30kg，浸种时水面要高出种子面7～10cm，播前20～25℃下浸种 2~4 天，浸种时气温越高，浸种时间越短。浸种时不要搅拌，捞出后晾干播种。在小麦黑穗病和地下害虫混发区，可采用杀菌剂和杀虫剂混合拌种。方法是用 50% 1 605 乳油 0.05 kg 加 25% 多菌灵 150~200mL，混匀后喷洒在 50 kg 种子上，堆闷 3 小时晾干播种。小麦病毒病和地下害虫混发区，可用 40% 乐果乳油 0.5 kg 加水 25 kg 拌种 400~500kg 兼治传毒昆虫和地下害虫。

（2）秋苗期。主要防治小麦丛矮病和地下害虫。防治措施：①防治小麦矮丛病。对于小麦收获后再种植夏粮作物的回茬麦田，要清除田边、地头和地边的杂草，压低传毒昆虫的虫源，重病麦田在出苗率达 50% 左右时，用乐果、甲胺磷等有机磷杀虫剂沿地边向田里喷 7~10m 的保护带；对于间作套种麦田，要全田施药防治。②防治地下害虫。对地下害虫发生严重的麦田，每公顷麦田用辛硫磷 240g，对水 750g，顺麦垄浇灌即可。

（3）返青拔节期。重点防治麦田杂草、小麦矮丛病和红蜘蛛。防治措施：①防治麦田杂草。一般在 3 月底 4 月初小麦起身拔节期，当麦田杂草长至 2~4 叶时每平方米有草 30 株时开始施药防治。具体方法：每公顷麦田用 72% 2，4-D 丁酯 600~700g，或用 40% 二甲四氯 1 500g 对水 225~300kg 喷雾。非阔叶杂草可选用 6.9% 骠马水剂 675~750mL/hm^2 或 55% 普草克悬浮液 120~150mL 对水 40~50kg 喷雾防治。②防治小麦矮丛病。在小麦起身期调查灰飞虱虫口密度，一般地块每 0.33 m^2 有 2 头虫时开始防治。对于秋季发病严重的麦田，要全田进行药剂防治。③平均每 33cm 行长有 150~300 头红蜘蛛时可用 20% 灭扫利乳油 3 000 倍液，对水 50kg 喷洒，同时兼治蚜虫。④在纹枯病和白粉病发生区可用 20% 粉锈宁乳油 1 000 倍液或 12.5% 禾果利可湿性粉剂 2 500 倍液喷雾防治。

（4）孕穗期。主要防治小麦白粉病、小麦锈病和小麦吸浆虫。防治措施：①防治小麦白粉病。在麦田白粉病株的发生率达

20%~30%，平均严重度达 2 级时，用粉锈宁每公顷 90～120g，对水 750～1 125kg，进行常规喷雾。②防治小麦锈病。在小麦条锈病叶达 2% 以上时施药，方法同白粉病。③防治小麦吸浆虫。主要在 4 月中下旬，狠抓小麦吸浆虫蛹期药剂防治。可用 50% 辛硫磷、50% 乙基 1 605、40% 甲基异硫磷乳油 3kg，对适量水，喷拌细土 150～225 kg，均匀撒施于麦垄，施药后浇水能提高药效，并能兼治红蜘蛛、麦叶蜂等。④防治赤霉病。于小麦扬花期用 25% 多菌灵可湿性粉剂 250 倍液喷雾。⑤防治麦蚜。当小麦百株蚜量达到 500 头或有蚜株率 50% 以上时，可用 10% 吡虫啉可湿性粉剂 3 000 倍液或 20% 啶虫脒 3 000 倍液进行喷雾防治。同时抽穗前要彻底拔除杂草。

（5）抽穗至灌浆期。主要防治小麦蚜虫和小麦吸浆虫。防治措施：①防治麦蚜。要以保护麦田天敌为主，当麦田天敌与麦蚜比例大于 1∶200，百株蚜量 800～1 000 头时施药。可用 25% 灭幼脲 3 号悬浮剂，40% 乐果 1 000～1 500 倍液，50% 马拉硫磷 1 000～1 500 倍液，进行常规药剂喷雾。②防治小麦吸浆虫。主要是对发生较重的地块进行喷雾扫残，方法同孕穗期。③预防干热风和青枯危害，可用磷酸二氢钾 250～300 倍液喷雾防治。

（6）成熟期。主要防治黑穗病。防治措施：蜡熟期前后，进行田间普查，拔除田间病株，集中烧毁或深埋，收获期对发病麦田要单收单打，不能留种。

（四）适时收获、安全运贮

当小麦 90% 成熟时为收获适期，过迟过早会影响外观和加工品质，收获方式以机械化联合收脱为主，不宜用割后堆捂或碾压脱粒，禁止在公路、沥青路面及粉尘污染的地方晒脱，不宜在水泥场上摊晒，以免受到人为污染。做到分品种单收、单打、单贮，确保小麦纯度和品质。

二、无公害水稻生产技术

无公害水稻生产技术包括选择合适的产地、优良的品种、合理的种植密度、科学防治病虫害和适时收获入仓等技术，其中核心技术是肥料的使用和病虫害的防治。施肥要把握平衡，即有机、无机结合，氮、磷、钾配合施用，严格控制施氮和施肥总量；科学防治稻瘟病、稻纹枯病、白叶枯病、二化螟等病虫害和草害。

（一）产地选择

1. 空气质量

无公害水稻生产区 3 000 m 之内无矿区，无废气污染，远离城镇，避开汽车尾气、城镇生活烟尘、粉尘污染。

2. 灌溉用水质量

水源无污染，pH 值呈中性或微酸性，水量充足，排灌方便，周边无工厂和医院等废水污染源。通过水质检测，水体中所含的氟化物、六价铬以及铝、汞、铬、铅等重金属含量不得超过规定标准。

3. 土壤质量

土壤 pH 值为中性或微酸性，土层深厚，富含有机质，土壤中汞、砷、铜、铬、六六六、滴滴涕等重金属含量和农药残留不得超过规定标准。

（二）栽培技术

1. 品种选择

宜选用通过国家、本省审定或认定的、适宜本地种植的优质、高产、抗病虫的水稻品种（组合），并注意定期更换。生产优质无公害稻米，应选米质软硬适中、口感好、风味佳、稻谷质量符合 GB/T17891—1999 的国家优质稻谷标准的良种。优质稻品种一般易感纹枯病、稻瘟病等病害，为减少施药次数，应选抗逆性强的优质高产品种。

2. 种子处理

首先要做好晒种和种子风选。将水稻种子浸种 3～5 天，并将种子暴晒 2～3 天然后进行风选。再用 25% 多菌灵可湿性粉剂 500 倍药液浸种，或用线菌清 15g 对水 9kg 浸稻种 6kg。

3. 适时播种、培育壮苗

中稻播种期选择在 2 月上、中旬，如用秧盘育抛秧选择在 2 月下旬或 3 月上、中旬；晚稻选择在 3 月中、下旬至 4 月上旬播种。采用旱育秧、薄膜育秧和秧盘育秧方式培育壮秧，时间以 40～45 天为宜。

4. 合理密植

移栽稻：常规稻（中、晚稻）种植密度一般为 2 万穴/亩，每穴 3～4 苗；杂交籼稻 1.5 万～2 万穴/亩，每穴 1 苗；杂交粳稻 1.5 万～2 万穴/亩，每穴 1～2 苗；瓜后稻或青玉米后季稻 2 万～2.3 万穴/亩，每穴 3～4 苗。提倡宽行窄株种植或宽窄行，移栽规格常规稻为 25 cm×13.3 cm 或（33.3 cm＋16.7 cm）×13.3 cm。杂交稻（25～30）cm×13.3 cm；瓜后稻或青玉米后季稻 25 cm×（10～13.3）cm。直播稻：直播稻播种量常规稻为每亩（1 亩≈667m²，全书同）4～5 kg，杂交粳稻 2～2.5 kg。提倡采用生物种衣剂包衣的种子，以防地下害虫为害。要求注意播种质量，确保全苗。

5. 肥水管理

（1）整田施肥。整田前每亩用 1 000～1 500kg 农用有机肥全层施足，放水泡田 2～3 天后，即土块吸透水后，先耙一道，科学施肥。中、下等肥力田块每亩用尿素 5～8kg，磷肥 30kg，钾肥 5kg，冷箐田在此基础上再加 5～8kg 锌肥；上等肥力田块无须施尿素，每亩单施磷肥 30kg，钾肥 5～8kg，全层施用后再犁翻，进行第二次耙平即可移栽。移栽规格为条栽，南北向条栽，株距 3cm×4.4cm×4cm，行距 30～35cm。南北向分墒移栽，墒面 3～4m，沟距 20cm，株距 4cm×4.4cm×5cm。

（2）移栽后的肥水管理。寸水移栽，移栽后灌水 10～13cm 活棵，时间 7～10 天。活棵浅水管理，放水 3.3～6.6cm，施分蘖肥。根据品种特性和土壤肥力科学施肥，原则上要巧施分蘖肥，上等肥力田块每亩施分蘖肥氮肥 3～5kg，磷肥 15kg，钾肥 5kg；中、下等肥力田块每亩用氮肥 7～10kg，磷肥 15～20kg，钾肥 5～8kg。而耐肥品种在此基础上每亩加氮肥 3～5kg，磷肥 5～8kg，钾肥 2～3kg。每丛有 6～7 个有效分蘖即可进行深水（10～13cm）管理至含苞，到圆秆枝节期重施穗肥，每亩用尿素 5kg，磷肥 15kg，钾肥 10kg 即可。含苞后干、湿管理壮子。总之，要科学合理地灌水，原则是移栽时水不宜过深，避免造成漂秧，栽后适当灌水 10～13cm，使秧苗活棵，以后保持浅水灌溉，有利于分蘖，移栽后 35～40 天进入分蘖高峰期，为控制无效分蘖，减少养分消耗，撤水晒田。泥脚浅的田轻晒，不能晒开裂，深脚田、发红田、锈水田、冷浸田晒至开鸡脚裂。孕穗期灌水 10～13cm，有利于幼穗分化，抽穗至成熟干湿交替，有利于灌浆结实，籽粒饱满。

（三）病虫草鼠害综合防治

按照防治方法的不同可分为农业防治、生物防治、物理防治和药剂防治。

农业防治：选用抗性强的品种，定期轮换，保持品种抗性，减轻病虫害的发生。采用合理的耕作制度、连轮作换茬、种养（稻鸭、稻鱼、稻蟹）结合、保健栽培等农艺措施，减少有害生物的发生。

生物防治：选用对天敌杀伤力小的生物源农药、矿物源农药、中、低毒性的化学农药，避开适宜自然天敌繁殖的时空环境等措施，保护天敌；利用及释放天敌控制有害生物的发生。

物理防治：采用黑光灯、杀虫灯、色光板、糖醋诱蛾等物理方法诱杀鳞翅目、同翅目害虫。

采用生物防治是综合防治的首要手段，物理防治是综合防治的基础，只有在恶劣的环境条件下，才能进行药剂防治，使用农药必须是产品残留量低而达标的农药，杜绝高残留高毒农药。同时要保护好天敌。

1. 水稻主要病害及防治

（1）稻瘟病发生及防治：往年发生过稻瘟病的田块遇到温湿度适合和品种比较易感稻瘟病时，都会发生苗瘟、穗颈瘟。防治首先要选择抗稻瘟病的品种种植，其次是收获后及时消除稻草和田间杂草，再者一旦发现就选用40%富士一号乳油50倍液，40%g瘟散乳油500~600倍液或40%硫环唑悬剂300倍液，或25%三环唑可湿性粉剂2 000倍液于始穗期（抽穗5%左右）喷雾，每亩用药水50~60kg。

（2）白叶枯病发生及防治：水稻进入分蘖末期，由于带菌种子、稻草和田间杂草等越冬后存活下来的病苗，借助流水传播，侵入秧苗，并在植株内隐蔽繁殖。秧苗到4~5叶期选择低洼淹水，历年较易感病的秧田进行离心浓缩针制接种，测定秧田带菌与否进行防治。防治此病首先选择品种是关键，其次才是药剂防治，收获后及时清除田间杂草和稻草，减少病源。药剂防治要在分蘖末期，一旦预测出有病菌，选用25%叶枯宁可湿性粉剂500倍液或5%苗毒清乳油300~500倍液或72%链霉素可湿性粉剂3 000~5 000倍液喷雾，每隔7天1次，连续喷2次。

（3）恶苗病的防治：选用25%施保克乳油2 000~3 000倍液浸种72小时，捞出后不必清洗即可催芽播种，或用20%强氯精可湿性粉剂600倍液浸种24小时，捞出后清水冲洗后催芽播种。

2. 水稻主要虫害及防治

（1）稻飞虱发生及防治：飞虱按颜色分，主要有褐色飞虱、白背飞虱、灰色飞虱。由于近几年耕作制度的改变和矮秆耐肥品种的推广，发生为害有所增加。根据飞虱有随季风气流远距离迁飞的特性，在环境条件适宜时繁殖迅速，容易暴发成灾，但由于暴发栖息地位置低，虫体小，为害症状不明显，常不易觉察。常年发生飞虱的田块，由于落粒自生苗、再生稻有越冬虫源地区，必须提早防治。第一种防治法，用200瓦白炽灯在当地早发生年份成虫初见期前10天开始点灯至常年终见后10天结束。天黑开灯，天明关灯；第二种防治法，选用10%吡虫啉，一遍净可湿性粉剂3 000倍液或25%扑虱灵可湿性粉剂2 000倍液喷雾。

（2）水稻螟虫的发生及防治：水稻螟虫为害期为苗期和分蘖期。一般在往年发生的稻草、田间杂草和小春麦秆上越冬，在适合的环境条件下孵化为害。防治应注意在整个秧苗期（抽穗前）用90%杀虫单可湿性粉剂50g或18%杀虫双水剂200～300倍液或50%巴丹可湿性粉剂600倍液，50%杀螟松乳油1 000倍液在幼虫孵化高峰期喷雾或1∶30倍毒土撒施。

3. 草害的防治

秧苗在分蘖中期左右，放入草螺（美国田螺），每亩用2～3kg，防治大田杂草，至稻谷收获后捡出成熟螺集中塘养管理，来年备用。如不捡出，造成来年稻田秧苗受害。

（四）无公害水稻的收获、包装、贮藏、加工、贮运

1. 收获

谷粒到蜡熟进入完熟时及时收获，选择晴天，以免营养物质倒流，收割在木槽里脱粒。当天收获当天晾晒在水泥地晒场、竹笆和木楼板上，禁止晒在已被化工、农药、工矿废渣、废气污染过的场地上以及沥青路上或油毛毡上。

2. 包装、贮藏

收获的水稻晒干至用手搓后脱壳，米不断为准，或用牙咬坚硬为干，一般暴晒 3～5 天，最后一天晒后晾冷装袋，专贮以备调运。

3. 加工、储运

加工区远离厕所、垃圾场、医院污染源，装袋必须用麻袋或专用粮食品包装袋，并印有无公害稻米农产品标志图案，标明主要项目指标，标明生产加工日期、保质期。运输车辆必须无污染，严禁用运过农药、化肥、饲料的车辆运输，确保生产的产品达到国家规定的无公害水稻产品标准。

三、无公害玉米生产技术

抓好无公害玉米生产主要应把好 3 道关：①生产基地，包括土壤、水源、空气等环境质量关。②从技术规程上，抓好农药使用和化肥施用的管理关。③把好产品质量检测和认证关。

（一）产地选择

远离和避开严重污染源，远离交通主干道和污染水源。空气环境良好，土地适当集中，成方连片，具有生产传统和生产条件；生产规模大，农产品商品率高；区位优势明显，运销便捷流通渠道畅通；科研、生产、人才、技术等产业化基础好；具有保障农产品质量安全和生产可持续发展的良好生态环境。在土壤、大气、水质上符合无公害农产品产地环境标准。土壤主要是重金属指标，应符合 GB 15618—95 土壤环境质量标准。大气主要是硫化物、氟化物、氮化物等指标应符合 GB 3095—1996 环境空气质量标准。水质主要是重金属、硝态氮、含盐量、氯化物等指标，要符合 GB5 084—1992 农田灌溉水质标准。无公害农产品产地环境评价要符合 DB 371274.1—2000 无公害农产品产地环境质量标准。

（二）栽培技术

1. 品种选择

在玉米品种选用上，要与生产产品的使用目的紧密结合，不论加工用、鲜食用还是饲用等，都应选相应的优良品种，同时种子的商品性要好，种子质量要符合 GB 4404.1—1996 的要求。选择高产、优质、多抗品种，尤其是玉米丝黑穗病和大小斑病的抗性要强。重点选择高淀粉、高角质品质的品种，另外，核心是选择耐密品种，以提高光能利用率，改善群体通风透光条件。

2. 种子处理

为了提高种子发芽率，播前可晒种 2～3 天，经常翻动，出苗率可提高 13%～28%。为减轻病虫害的发生，播前 1 天可用 2% 立克秀按种子重量的 0.4% 拌种防治丝黑穗病，也可用 35% 多 g 福种衣剂或 20% 呋福种衣剂，按药种比 1：70 进行包衣，催芽的按药种比 1：（75～80）进行包衣。

3. 选茬与整地

选土层深厚、质地适中的砂壤或轻壤土，要求土壤肥力较高，排水良好的地块，前茬以大豆、马铃薯为宜。实行 3 年以上轮作。春季用小四轮先深松，施肥一半，灭茬，之后隔一垄破一垄，将小垄合一大垄，再在大垄中间深松，同时施另一半化肥，随后用耢子将大垄耢平，镇压甫　形成平台，这就是"两垄一平台"栽培模式，就是将 65cm 或 70cm 的两条小垄合成一个 130cm 或 140cm 大垄，在大垄上种植双行玉米，大垄上玉米行距为 35～45cm，种植密度较常规栽培每亩增加 300～400 株。这种栽培模式增加了玉米边行效应和抗倒伏性，进而起到明显的增产作用。据调查，一般倒伏率下降 7 个百分点左右，增产 8%～12%；由于田间通风、透光条件的改善，有利于玉米成熟后籽粒的快速脱水，一般可降低玉米含水量 3～4 个百分点。

4. 适时播种

在耕层 5~10cm 处的地温稳定通过 6~7℃时播种。一般以 4 月 15 日至 5 月 1 日之间为宜。可采用人工播种或机械播种，深度一般在 3~6cm，但应依据土壤质地、墒情状况和种子的拱土能力等因素而定。在土壤黏重、墒情好、种子拱土能力差的条件下，应浅些，3~4cm 即可；在土壤质地疏松、墒情不好、种子拱土能力强时，应深些，4~6cm 即可。播种量一般每亩人工播种 2.3~2.8kg，机械播种 2.8~3.3 kg。

5. 合理密植

合理密植是建立群体结构，形成适宜叶面积系数，实现高产、高效的重要措施。其技术原理就是调节群体内部的光、热、水、肥等状况，并使之得到充分利用，协调优化个体与群体之间的矛盾，从而发挥群体的最大增产潜力。

6. 肥水管理

在肥料施用上强调以有机肥为主，以底肥为主，秸秆覆盖栽培，缓控释肥，以减少化肥用量，按土壤养分平衡需求调节肥量。一般每亩施优质有机肥 1.5~2.0m³。要根据品种特性、栽培技术特点及玉米需肥规律、土壤的供肥能力，进行配方调整，以实现科学的配方施肥。另外，为了高产，防早衰，生产上应提早追肥，并提倡二次追肥，尤其是砂土地，氮肥流失严重，坚持前轻后重的原则。磷肥：一般亩施五氧化二磷（P_2O_5）5~7.5kg，结合整地做底肥或种肥施入。钾肥：一般亩施氧化钾（K_2O）4~6 kg，做底肥或种肥，不能做秋底肥。氮肥：一般亩施纯氮 6.5~10 kg，其中，20%~25% 做底肥或种肥，75%~80% 做二次追肥。锌肥：土壤有效锌含量小于 0.5mg/kg 土时，亩施硫酸锌 0.8~1.0kg 做种肥。

测土配方施肥技术。利用 GPS 定位，依据地形采用"S"法或"X"法或棋盘法进行土样采集，主要检测土壤中有机质，氮、磷、钾含量。土壤化验完毕后，对数据进行整理分析，根据分析结果，结合玉米需肥规律、当地产量水平和生产实际情况，制定肥料配方。选择信誉好、规模大、设备先进、技术力量强的复混肥企业进行生产玉米配方专用肥供给农户。

（三）病虫害综合防治

在病虫草害防治上，以防为主，综合防治，融农艺防治、物理防治、生物防治为一体，配合低毒或无毒的种衣剂拌种。化学除草和病虫防治，严禁使用国家明令禁止的高毒、高残留、高生物突变性农药，农药施用严格执行 GB42855 和 GB/T8321 的规定。

1. 虫害的防治

频振式杀虫灯杀灭害虫技术。它是利用害虫的趋光特性，将频振波作为一项诱杀害虫成虫的新技术，引诱害虫成虫扑灯，灯外配以频振式高压电网触杀，降低田间落卵量。应用时选择佳多 PS—15Ⅱ杀虫灯，按照每台控制玉米面积 30～60 亩标准，将其合理布置在玉米田中，吊挂在牢固的物体上，吊挂高度距地面 3m，4 月中旬装灯，9 月中旬撤灯，每天傍晚开灯，次日凌晨 4:00闭灯。必须挂接虫袋且要光滑或加入毒棉，以防成虫落入后再次爬出。

性诱剂诱捕器诱杀害虫技术。它是把田间出现的求偶交配的雄虫尽可能及时诱杀，使雌虫失去交配的机会，不能有效地繁殖后代进行为害，从而减少虫卵量。应用时诱捕器按每亩悬挂一个的标准，用竹竿挂于田间，高于玉米 1m 左右，要适时清理死虫，切不可倒在大田周围，需要深埋；根据逐日记录的捕蛾数量，确定发蛾高峰，害虫大量发生时，在发蛾高峰日后 3～5 天内，及时采取有效的化学防治措施。

2. 病害的防治

应用高效低毒农药及生物防治技术，主要采用高效、低毒、低残留、强选择性的农药和生物制剂，杜绝高毒、高残留农药的使用，并推广新型施药器械，改进施药方法。顶腐病可用多菌灵、甲基托布津等灌根或叶喷。

（四）适时收获，安全运贮

在玉米收获贮藏中，要以产品目的要求为最适收获期，在贮运加工场所，具备安全卫生、无污染条件。包装材料要符合国家有关标准，并注明无公害玉米的标志、产品名称、产地、规格、净重和包装日期。

特别需要说明的是鲜食玉米。一般来说，做罐头用的普通甜玉米，应与加工企业协商决定适宜采收期。鲜穗上市的普甜玉米在开花授粉后 17～23 天，超甜玉米在 20～28 天，晚熟品种可适当延长 3 天左右。糯玉米的适宜采收期以玉米开花授粉后的 18～25 天左右。鲜食玉米还应注意保鲜，短期保鲜应注意不要剥去苞叶，运输途中尽可能摊开、晾开降低温度。

四、无公害蔬菜生产技术

无公害蔬菜生产技术包括选择合适的产地、选用优良品种，适时播种和病虫草害等有害生物控制等技术，其中，核心技术是肥料的使用和病虫害的防治。施肥要根据蔬菜需肥规律、土壤养分状况和肥料效应，通过土壤测试，确定相应的施肥量和施肥方法，按照有机与无机相结合、基肥与追肥相结合的原则，实行平衡施肥；积极运用农业技术防治蔬菜病虫草害。

（一）产地选择

要求基地周围不存在环境污染，地势平坦，土质肥沃，富含有机质，排灌条件良好。选择的无公害蔬菜生产基地的空气环境条件、土壤条件、灌溉水质要符合《中华人民共和国农业行业标准（NY/T 391—2000）》"绿色食品产地环境条件"中规定的标准。

作为生产无公害蔬菜地块的立地条件，应该是离工厂、医院等3km以外的无公害污染源区；种植地块应排灌方便，灌溉水质符合国家规定要求；种植地块的土壤应土层深厚肥沃，结构性好，有机质含量达2%~5%；基地面积具有一定规模，土地连片便于轮作，运输方便。

（二）栽培技术与田间管理

1. 品种选择

选育优良蔬菜品种，选用抗逆性强、抗耐病虫为害、高产优质的优良蔬菜品种，是防治蔬菜病虫为害，夺取蔬菜优质高产的有效途径。比如，优良品种毛粉802番茄，因植株被生绒毛，不易受蚜虫为害，因而就减少了病毒病的发生。

2. 种子处理

选种和种子消毒，根据有病虫害的种子重量比健康种子轻的原理，可用风选、水选，淘汰有病虫害的种子。为防治由种子带菌的病害常对种子进行消毒。

3. 实行倒茬轮作、深耕细作

不论是保护地菜田或露地生产，倒茬轮作都是减轻病虫害发生，充分利用土地资源，夺取高产的主要途径。在倒茬轮作中，同一种蔬菜在同地块上连续生产不宜超过两茬。换茬时，不要再种同科的蔬菜，最好是与葱、蒜等下茬作物轮作。深耕细作能促进蔬菜根系发育，增强吸肥能力，使其生长健壮，同时也可直接杀灭害虫。

4. 合理施肥

（1）施肥原则：选用以腐熟的厩肥、堆肥等有机肥为主，辅以矿质化学肥料。禁止使用城市垃圾肥料。莴苣、芫荽等生食蔬菜禁用人畜粪肥作追肥。

严格控制氮肥施用量，否则可能引起蔬菜硝酸盐积累。

（2）施用方法。

①基肥、追肥：氮素肥70%作基肥，30%作追肥，其中，氮素化肥60%作追肥；有机肥、矿质磷肥、草木灰全部作基肥，其他肥料可部分作基肥；有机肥和化肥混合后作基肥。

②追肥按"保头攻中控尾"进行。

苗期多次施用以氮肥为主的薄肥；蔬菜生长初期以追肥为主，注意氮磷钾按比例配合；采收期前少追肥或不追肥。

根菜类、葱蒜类、薯蓣类在鳞茎或块根开始膨大期为施肥重点。白菜类、甘蓝类、芥菜类等在结球初期或花球出现初期为施肥重点。瓜类、茄果类、豆类在第一朵花结果牢固后为施肥重点。

③注意事项。看天追肥：温度较高、南风天多追肥，低温刮北风要少追肥或不追肥；追肥应与人工浇灌、中耕培土等作业相结合，同时应考虑天气情况，土壤含水量等因素。

④根外追施叶面肥。

（3）土壤中有害物质的改良。短期叶菜类，每亩每茬施石灰20kg或厩肥1 000kg或硫黄1.5kg（土壤pH值6.5左右）随基肥施入；长期蔬菜类，石灰用量为25kg，硫黄用量为2kg。

5. 科学灌溉

（1）基本原则。砂土壤经常灌，黏壤土要深沟排水。低洼地"小水勤浇"，"排水防涝"。

看天看苗灌溉。晴天、热天多灌，阴天、冷天少灌或不灌，叶片中午不萎蔫的不灌，轻度萎蔫的少灌，反之要多灌。

暑夏浇水必须在早晨9:00前或傍晚17:00之后进行，避免中午浇水。若暑夏中午下小雷阵雨，要立即进行灌水。

根据不同蔬菜及生长期需水量不同进行灌溉。

（2）灌溉方法。沟灌：沟灌水在土壤吸水至畦高1/2～2/3后，立即排干。夏天宜傍晚后进行。浇灌：每次要浇足，短期绿叶菜类不必天天浇灌。

6. 采用蔬菜栽培新技术

推广蔬菜的垄作和高畦栽培，不仅可有效调节土壤的温度、湿度，而且有利于改善光照、通风和排水条件。在播种和定植蔬菜时，应采用地膜覆盖。在保护地菜田要推广膜下暗灌、滴灌、渗灌，在露地菜田要推广喷灌，严禁大水漫灌。这样，不仅可以节约用水，而且还可降低菜田的湿度，减少病害发生。对于蔬菜棚室内温湿度的调节，要实行放顶风，不要放地风。要保持覆膜的清洁，以利于透光。施药时，要用粉尘和烟剂代替喷雾，以降低温度，对于越夏生产的蔬菜，应采用遮阳网、遮阳棚，以减少光照强度。对于果菜类和瓜果类蔬菜，应通过整理枝杈、打尖疏叶等措施，打开通风透光的通路，促进植株生长，并降低病虫为害。

7. 及时清理田园

蔬菜收获后和种植前，都要及时清理田园，将植株残体烂叶、杂草以及各种废弃物清理干净。在蔬菜生育期间，也要及时清理田园，将病株、病叶和病果及时清出田园予以烧毁或深埋，可更好地减轻病虫害的传播和蔓延。

（三）有效防治病虫草害

1. 物理措施

（1）人工捕杀。对于活动性不强、为害集中或有假死性的害虫可以实行人工捕杀。如金龟子、银纹夜蛾幼虫、象鼻虫等，利用假死性将害虫振落进行扑杀。

（2）诱杀。灯光诱杀对有趋光性的鳞翅目及某些地下害虫等，利用诱蛾灯或黑光灯诱杀。毒饵诱杀是利用害虫的趋化性诱杀，如用炒香的麦麸拌药诱杀蝼蛄，糖醋酒液诱杀小地老虎。潜所诱杀是用人工做成适合害虫潜伏或越冬越夏的场所，以诱杀害虫。如在棉铃虫活动期，田间设置杨树枝把诱杀。黄板诱杀用 $30\,cm \times 40\,cm$ 的纸板上涂橙黄色或贴橙黄纸，外包塑料薄膜，在薄膜外涂上废机油诱杀成虫。

（3）高温灭菌。这种方法可以用来杀灭棚或弓棚内蔬菜的病原菌。如霜霉病病菌孢子在 30℃ 以上时活动缓慢，42℃ 以上停止活动而渐渐死亡。

（4）隔离保护。根据有迁移为害习性的害虫，应在地块四周挖沟（或利用排水沟），沟内撒药，以杀死迁移的大量害虫。木本中药材的树干上刷涂白剂，可保护树木免受冻害，并防止害虫在树干上越冬产卵及病菌侵染树干。

2. 生物技术

（1）保护和利用害虫天敌。利用捕食性益虫防治害虫，如螳螂、步行虫、某些瓢虫等。目前，在生产上应用得较多的是瓢虫。

利于寄生性益虫防治害虫，如寄生蜂和寄生蝇，应用较多的是通过人工繁殖赤眼蜂卵，释放在田间，可防治多种鳞翅目害虫。

利于有益动物防治害虫，如蛙类、益鸟、鱼类等。蛙的食料中害虫占 70%～90% 以上，消灭害虫能力很强。斑啄木鸟防治越冬吉丁虫幼虫效果达 97%～98.7%，防治光肩星天牛效果达 99%。对这些有益动物应加以保护和繁殖。

利用天敌微生物防治害虫，包括利用细菌、真菌、病毒等天敌微生物来防治害虫。细菌目前应用较多的是苏云金杆菌类，如杀螟杆菌、青虫菌、苏云金杆菌等，是能产生晶体毒素的芽孢杆菌，它们被害虫吃了以后，使害虫中毒患败血病，一般 2～3 天后死亡。寄生于昆虫的真菌如白僵菌，在一定温度条件下，白僵菌孢子萌发，并在虫体内不断生长繁殖，最后使虫体僵硬死亡。寄生于昆虫的病毒有核多角体病毒和细胞质多角体病毒等类来防治害虫。

（2）施用生物农药，生物农药用后无污染、无残留，是一种无公害农药。目前，用于蔬菜的生物农药主要有 BT 乳剂、农抗 120、农用链霉素等，如每公顷用 1 500 ~ 1 800g BT 乳剂加水 750kg 喷雾，可有效防治菜青虫、小菜蛾等害虫。用 2% 农抗 120 水剂 150 ~ 200 倍液，可防治白粉病、叶斑病等。用 72% 农用链霉素 3 000 ~ 4 000倍液，可有效防治软腐病、细菌性角斑病等。

（3）施用无污染的植物性农药。植物农药原料来源广，制作简单，不仅防病杀虫效果好，且无副作用。如用鲜苦楝树叶 1.5kg，过滤后去渣，每千克汁液加水 40kg 喷雾，可防治菜青虫、菜螟虫。用臭椿叶 1 份加水 3 份，浸泡 1 ~ 2 天，将水浸液过滤后喷洒，可防治蚜虫、菜青虫等。

3. 化学农药

（1）禁止使用剧毒、高毒、高残留或具有三致（致癌、致畸、致突变）的农药。高毒以上农药如甲拌磷、苏化 203、对硫磷、甲基对硫磷、杀螟威、呋喃丹、涕灭威、久效磷、磷胺、异丙磷、三硫磷、甲胺磷、氟乙酰胺、氧化乐果、灭多威等，禁止在蔬菜生产中使用。滴滴涕、六六六虽为中毒，但为高残留农药，国家早已禁止生产和使用。三氯杀螨醇虽为低毒，但它的原料为滴滴涕，三氯杀螨醇中含有大量滴滴涕，也禁止使用。杀虫脒、除草醚等农药虽毒性不高，但对人有致癌、致畸、致突变作用，国家也禁止使用。生产无公害蔬菜必须遵守国家有关规定。

（2）严格按照农药使用间隔期安全使用。绝大多数农药品种都有间隔使用期限，要严格按照说明使用。对蔬菜生产上允许限量使用的农药，要限量使用。

（3）改进施药技术，合理使用农药根据病虫害种类、为害方式以及发生特点和环境条件的变化，有针对性的适期施药，严格控制施药面积、次数和浓度。要根据当地病虫害发生规律制定化学防治综合方案，做到多种病虫害能兼治的不要专治，能挑治的不普治，防治一次有效的不要多次治，尽量减少化学农药的施用。

（四）科学安全采收

一是采收前自检。查看是否过了使用农药、肥料的安全间隔期，有条件的可用速测卡（纸）或仪器进行农残检测。

二是采收和分级。要适期采收，采后要做到净菜上市（符合各类蔬菜的感官要求，净菜用水泡洗时，水质应符合规定标准），还要按品质、颜色、个体大小、重量、新鲜程度、有无病伤等方面进行分级。分特级、一级、二级 3 个等级。

五、无公害苹果生产技术

无公害苹果生产技术包括选择合适的园地、选用优良品种、土肥树体管理和病虫害等有害生物控制等技术，其中，核心技术是肥料的使用和病虫害的防治。施肥以有机肥为主，化肥为辅，保持或增加土壤肥力及土壤微生物活性，所施用的肥料不要对果园环境和果实品质产生不良影响；以农业和物理防治为基础，生物防治为核心，按照病虫害的发生规律和经济阈值，科学使用化学防治技术，有效控制病虫害。

（一）园地选择

在生态条件良好，远离污染源，并具有可持续生产能力区域内，选择土层深厚，含有大量有机质，pH 值 6～8，总盐量 0.25% 以下，地下水位在 1.5m 以下的土地建园。

（二）栽培技术要点

1. 品种与苗木选择

选择适合当地条件、优质丰产的苹果品种，如美国 8 号、红之舞、恋姬、优系嘎啦、红将军、优系富士、澳洲青苹等。

砧木：苹果砧木以莱芜海棠、难咽、怀来海棠或平邑甜茶为主，矮化中间砧以 M26、MM106、M9 为主。

苗木规格：选用无病虫生长健壮的优质合格苗木。一级苗根茎粗 1.2cm 以上、高 120cm 以上、5 条以上侧根；二级苗根茎粗

1.0cm 以上、高 100cm 以上、4 条以上侧根；三级苗根茎粗 0.8cm 以上、高 80cm 以上、4 条以上侧根。

2. 栽植

依据地势挖、深宽各 0.8m 的水平栽植沟（穴），亩施有机肥 4 000 ~ 5 000kg。

株行距。山地、丘陵果园株行距适当减小，平地果园适当加大；乔砧苗木建园株行距宜选择（2.5 ~ 3）m ×（3 ~ 5）m；矮化中间砧和短枝型品种苗木建园株行距宜选择（2 ~ 2.5）m ×（3 ~ 3.5）m，矮化自根砧苗木建园株行距宜选择（1.8 ~ 2.5）m ×（2 ~ 3）m。

配置授粉树。配置授粉树，以花期相近品种相互授粉为宜，配置比例为（5 ~ 8）∶1，也可定植苹果专用授粉树，配置比例为 15∶1。

3. 土壤管理

（1）深翻改土。分为扩穴深翻和全园深翻，每年秋季果实采收后，结合秋施基肥进行。扩穴深翻为在定植穴（沟）外挖环状沟或平行沟，沟宽 80cm，深 60cm。土壤回填时混以有机肥、表土放在底层，底土放在上层，然后充分灌水，使根土密接。全园深翻为将栽植穴外的土壤全部深翻，深度 30 ~ 40cm。

（2）中耕。清耕制果园生长季降雨或灌水后，及时中耕松土，保持土壤疏松无杂草。中耕深度 5 ~ 10cm，以利调温保墒。

（3）覆草和埋草。覆草在春季施肥，灌水后进行。覆盖材料可以用麦秸、麦糠、玉米秸、干草等。把覆盖物覆盖在树冠下，厚度 10 ~ 15cm，上面压少量土，连覆 3 ~ 4 年后浅翻 1 次。也可结合深翻开大沟埋草，提高土壤肥力和蓄水能力。

4. 施肥

以有机肥为主，化肥为辅，保持或增加土壤肥力及土壤微生物活性。所施用的肥料不应对果园环境和果实品质产生不良影响。

（1）基肥。秋季果采收后施入。以农家肥为主，混加少量氮素化肥。施肥量按每千克苹果施 1.5～2.0kg 优质农家肥计算，一般盛果期苹果园每亩施 3 000～5 000kg 有机肥。施肥方法以沟施或撒施为主，施肥部位在树冠投影范围内。沟施为挖放射状沟或在树冠外围挖环状沟，沟深 60～80cm；撒施为将肥料均匀撒在树冠下，并翻深 20cm。

（2）追肥。土壤追肥。每年 3 次，第一次在萌芽前，以氮肥为主；第二次在花芽分化及果实膨大期，以磷钾肥为主，氮磷钾混合使用；第三次在果实生长后期，以钾肥为主。施肥量一般结果树每生产 100kg 苹果需追施纯氮 1.0kg、纯磷 0.5kg、纯钾 1.0kg，施肥方法是树冠下开沟，沟深 15～20cm，追肥后及时灌水。最后一次追肥在距果实采收期 30 天以前进行。

叶面追肥。结合喷药每 10～15 天喷一次，前期以氮肥为主，后期以磷钾肥为主，也可补施果树生长发育所需的微量元素。常用肥料浓度：尿素 0.3%～0.5%，磷酸二氢钾 0.2%～0.3%，硼砂 0.1%～0.3%。

5. 灌水

灌水时期。有灌溉条件的果园应在花前、花后、果实迅速膨大期、果实采收后及休眠期灌水。

灌水方法。灌水方法必须本着节约用水、提高效率、减少土壤侵蚀的原则。目前有漫灌、畦灌、沟灌、地下灌水、喷灌、滴灌等。

6. 整形修剪

新建果园以小冠疏层形（适用于乔砧密植树，也可在半矮化短枝型品种树上应用，株距 4～5m）、自由纺锤形（适用于矮化中间砧，株距 3m 左右的密植园）、细长纺锤形（适用于矮化自根砧建园、株距 1.8～2.5m）为主，改接新品种园以改良纺锤形为主。修剪采用冬、夏剪结合的周年修剪方法。冬季修剪以整形、调整结构为主，剪除病虫枝，清除病僵果。苹果幼树的整形采取多短截的方法，使其尽快成形，进入结果期后少短截多疏枝，在树体上合理利用空间。夏季修剪包括刻芽、环剥（割）、扭梢、摘心及捎枝等措施。

7. 花果管理

（1）辅助授粉。花期放蜂，人工辅助授粉。每10亩放一箱蜜蜂，于开花前2~3天放蜂。人工辅助授粉有人工点授、喷粉等方法，在主栽品种开花1~2天内进行。

（2）疏花疏果。根据树种、品种的特性、花量多少及花的质量，本着留优去劣的原则进行。苹果在花量足的情况下，首先疏除无叶片的花序，保留叶片多而大的花序，疏花时留中心花，疏除边花。留果标准：大型留单果。叶果比（25~40）：1或20~25cm间距留一个果。

（3）果实套袋。推广果实套袋，主要在开花后"以花定果"的基础上进行。花后35~40天后开始套，短时间内套完。套袋70~90天后，选择晴天上午10~12时，下午3~5时前去除。

（三）病虫害综合防治

以农业和物理防治为基础，生物防治为核心，按照病虫的发生规律和经济阈值，科学使用化学防治技术，有效控制病虫为害。

1. 农业防治

采取剪除病虫枝、清除枯枝落叶、刮除树干翘裂皮、翻树盘、地面秸秆覆盖，科学施肥等措施抑制病虫害发生。

2. 物理防治

根据害虫生物学特性，采取糖醋液、树干缠草绳和黑光灯等方法诱杀害虫。

3. 生物防治

人工释放赤眼蜂，助迁和保护瓢虫、草蛉、捕食螨等天敌，土壤施用白僵菌防治桃小食心虫，利用昆虫性外激素诱杀或干扰成虫交配。

4. 化学防治

根据防治对象的生物学特性和为害特点，允许使用生物源农药、矿物源农药和低毒有机合成农药，有限度地使用中毒农药，禁止使用剧毒、高毒、高残留农药。允许使用的农药每种每年最多使用 2 次。最后一次施药距采收期间隔应在 20 天以上。限制使用的农药每种每年最多使用 1 次，施药距采收期间隔应在 30 天以上。

（四）植物生长调节剂的使用

1. 使用原则

在苹果生产中应用的植物生长调节剂主要有赤霉素类、细胞分裂素类及延缓生长和促进成花类物质等。允许有限度使用对改善树冠结构和提高果实品质及产量有显著作用的植物生长调节剂。如苄基腺嘌呤、6-苄基腺嘌呤、赤霉素类、乙烯利、矮壮素等，禁止使用对环境造成污染和对人体健康有危害的植物生长调节剂，如比久、萘乙酸、2，4-D 等。

2. 技术要求

严格按照规定的浓度、时期使用，每年最多使用一次，安全间隔期在 20 天以上。

（五）果实采收

根据果实成熟度、用途和市场需求综合确定采收期、成熟期不一致的品种，应分期采收。各品种、各等级的苹果都应果实完整良好，新鲜洁净，无异常气味或滋味，不带不正常的外来水分，细心采摘，充分发育，具有适于市场或贮存要求的成熟度。果形应具有本品种应有的特性，具有本品种成熟时应有的色泽。

果径指标：大型果，优等品≥70mm，一等品≥65 mm，二等品≥60mm；中型果，优等品≥65mm，一等品≥60mm，二等品≥55mm；小型果，优等品≥60mm，一等品≥55mm，二等品≥50mm。

六、无公害食用菌生产技术

食用菌是一种高蛋白、低脂肪、无污染、集营养和保健于一体的纯天然食品，经常食用可增强人体的免疫功能，预防多种疾病。随着人民生活水平的不断提高，人们的膳食结构也在不断优化，崇尚纯天然、无污染的绿色食品逐渐成为趋势，食用菌的需求量迅猛增加，市场前景非常广阔。

（一）场地选择

食用菌可根据菌类特性在室内外、大棚或日光温室栽培。生产规模无论大小，生产场地选择和设计都要科学合理，这对食用菌的无公害生产非常重要。选址应远离禽畜场、垃圾堆、化工厂和人流多的地方，且要求交通便利，水源充足且清洁无污染。室外栽培时，应选择土质肥沃、疏松、排灌方便、未受工矿企业污染的土壤。菇房的总体结构应有利于食用菌的栽培管理，具有防雨、遮阳、挡风及隔热等基础设施，地面坚实平整，给排水方便，密封性好，又能通风透气，满足食用菌生长发育对通气、光照等的要求。

（二）栽培管理

1. 选择菌种

必须按照农业部颁布的行业标准 NY/T 528—2002《食用菌菌种生产技术规程》执行，严把菌种生产质量关。对于利用基因工程技术改变基因组构成的食用菌菌种，使用时应按照《农业转基因生物安全评价管理办法》中有关转基因微生物安全管理的规定执行。应根据当地的气候特点，选择适宜的栽培种类及品种，不得使用老化或受到污染的菌种，应选用健壮、优质、抗病的菌种。

2. 栽植要求与生产布局

对培养料和水的要求。原料来源要求新鲜、无污染，且尽量使用低毒性残留物质的培养料。覆土材料选用无农药、无化肥污染的荒坡地下土，经太阳曝晒后使用。辅料种类及比例应根据食用菌种类而定，不允许添加含有生长调节剂或成分不明的辅料。生产用水水质应尽可能符合 GB 5749—2006《生活饮用水卫生标准》的要求。覆土栽培所使用的土壤应符合 GB 15618—1995《土壤环境质量标准》的要求。对于有富集重金属特性的某些食用菌，在选择覆土材料时必须控制土壤中相应重金属含量不超标。覆土材料不能用高残毒农药处理。

在设计上，从灭菌锅、锅炉房到接种室、培养室的距离要尽量短，使灭了菌的菌袋或菌种瓶能直接进入接种室，以减少污染的机会。菌丝培养室和出菇房要有防范措施，如在门窗和通气口处装细纱窗，防止菇蝇、菇蚊等虫源飞入等，门窗要严密，防老鼠钻入为害培养料及子实体等；在防空洞、地道、山洞栽培食用菌时，出入口要有一段距离保持黑暗，以防止害虫飞入，传播菌源。进行保护地或室外栽培的要将周围杂草落叶清除干净，沿四周撒上生石灰粉，防止白蚁和其他害虫进入。在生产前对栽培场所进行全面灭菌、除虫，去除四周杂物，保持环境干净、整洁。

3. 精细管理

注意原料、菌袋和工具的卫生。废料不要堆在栽培室附近，并须经过高温堆肥处理后再用。栽培室的新旧菌袋必须分房隔开存放，绝不可混放，以免旧菌袋的病虫转移到新的菌袋上。栽培工具也要分开使用，并做到严格灭菌和消毒，以预防接种感染和各种继发感染。每次采菇后应清除栽培料上的菇根、烂菇和地面上掉落的菇体，并及时清理菇房，重新消毒。

4. 科学育菌

科学育菌是预防病虫害最经济有效的手段。对于不同种类的食用菌，要按其对生长发育条件的要求，科学地调控培养室的温度、湿度、光线和 pH 值等，并要适当通风换气，促使菌丝健壮生长，防止出现高温高湿的不利环境。在菌种选择、培养料配比、堆料发酵、接种发菌和出菇管理的各个环节都要严格把关，培育健壮的菌丝体和子实体，增强其抗病能力。

5. 施肥

（1）喷施蛋白胨、酵母膏溶液。用 0.1% 蛋白胨和 0.3% 酵母膏溶液喷施菇面，可使菇体肥厚，促进转潮，在室温14～16℃效果最好。

（2）喷施腐熟人粪尿。将人粪尿煮开 20 分钟，对水 10～20 倍液喷施，或新鲜马尿及牛尿液，煮开至无泡沫时，对水 7～10 倍液喷施。如菇床口有小菇，喷完后，可再用清水喷 1 次。

（3）喷施米醋。在平菇生长中后期，用 300 倍的食用米醋液进行菇面喷施，在采收前 1～3 天每天 1 次，一般可增产 6%，且色泽更加洁白。

（4）喷施培养料浸出液。发酵腐熟干料 5kg，加开水 50kg 浸泡，冷却后去渣喷施，可延长出菇高峰期，并使子实体肥厚。

（5）喷施菇脚水。切取 2.5kg 洗净的菇脚加水 15kg，煮 15 分钟，取清液再加水 20kg 喷施，可延长高峰期，使子实体肥厚。

（6）喷施豆浆水。大豆 1kg，磨成豆浆对水 75～100kg，滤液喷施菇面，再用清水喷 1 次。

（7）喷施葡萄糖、碳酸钙溶液。配成含葡萄糖 1%、碳酸钙 0.5% 的溶液，在低于 18℃时喷施，有促进菌丝生长的作用。

6. 水分管理

培养基的水分要适当。酸碱度要适宜，并随时检测、调整。菇房要经常保持良好通风，空气相对湿度不宜超过 95%。当自然温度达到16℃时，在畦内灌1次水，以后每天早、中、晚各喷1次水。喷水尽量喷向空间和地面，不要喷到子实体上。在低温季节最好喷洒用日光晒过的温水。

7. 温度管理

菇棚温度最好控制在 10～18℃。当气温较低时，白天延长阳光直射的时间，晚上要盖严草帘。当气温较高时，白天盖上草帘，晚上则揭开草帘。

8. 通风管理

当气温较高时，每天要揭开草帘通风2～3小时，低温大风天气少通风；早晚喷水前后加大通风，菇蕾分化期少通风，菇蕾生长期多通风。

9. 光照管理

菇蕾生长期要有稳定的散射光，坚持每天早晚晾晒1～2小时，增加弱光直射，出菇期切忌强光直射。

（三）病虫害防治

食用菌本身对病虫害抵抗能力较弱，一旦发生便不易控制。应坚持预防为主、综合防治的原则，主要从选用抗病虫品种、物理防治、生物防治和加强栽培管理等多种途径达到防治目的，农药防治应视为其他防治方法之后的一种补救措施。

1. 农业及物理防治

培养室、栽培室应安装防虫纱窗、纱门、防虫网和诱杀灯等设施来预防病虫害发生。室内灭菌主要采用物理方法，如紫外灯和巴氏法灭菌，一般紫外灯照射20～30分钟即可达到杀菌目的，巴氏法则利用蒸气使室内温度达60℃并维持10小时进行灭菌。一般不得使用甲醛、来苏尔、硫黄等化学药物。对于病虫基数高的老菇棚，在使用前要铲除一层墙皮后抹泥或者高温灭菌。露地栽培时要清除栽培场周围的残菇、感病的菌袋。接种室和超净工作台等采用紫外灯或电子臭氧发生器进行消毒灭菌。栽培原料、工具和其他设施可用巴氏法消毒灭菌。高温是一种非常有效的消毒方式，在培养料堆制发酵或者菇房消毒时，采用此法效果很好，室内或菇床温度应保持在60℃至少2小时，70℃维持5~6小时或80℃维持30~60分钟。发生瘿蚊的菌袋，可放在日光下暴晒1~2小时或撒石灰粉，也可将瓶栽或袋栽菌块浸入水中2~3小时，使菌块中幼虫因缺氧而死亡。此外，变换栽培不同食用菌或菌种变换培养料均可防杂菌。

2. 生物防治

生物防治不污染环境、没有残毒、对人体无害。目前，食用菌生物防治以生物的代谢物和提取物杀虫杀菌最为常见，如用180~210 mg/L链霉素防治革蓝氏阳性细菌引起的病害，用280~320 mg/L玫瑰链霉素防治红银耳病，用180~220mg/L金霉素防治细菌性腐烂病，利用农抗120、井冈霉素、多抗霉素等防治绿霉、青霉和黄曲霉等真菌性病害，利用细菌制剂、苏云金杆菌、阿维菌素来防治螨类、蝇类、蚊类、线虫都可取得很好的效果。

3. 化学防治

化学防治选用符合NY/T 393—2000《绿色食品农药使用准则》的农药药剂，并严格控制使用浓度和用药次数。在出菇期间，不得向菇体直接喷洒任何化学药剂。可以选择高效、低毒、易分解的化学农药如敌百虫、辛硫磷、克螨特、锐劲特、甲基托布津、甲霜灵等，在没出菇或每批菇采收后用药，并注意应少量、局部使用，防止扩大污染。禁止在菇类生产过程中使用国家明文禁用的甲胺磷、甲基1605、甲基1059、久效磷、水胺硫磷、杀虫脒、杀螟威、氧化乐果、呋喃丹、毒杀酚等农药及其他高毒、高残留农药。空间消毒剂提倡使用紫外线消毒和75%酒精消毒，禁止使用NY/T 393—2000《绿色食品农药使用准则》未列入的消毒剂。培养料配制可采用多菌灵、生石灰或植物抑霉剂和植物农药，如中药材紫苏、菊科植物除虫菊、酯类农药、木本油料植物菜籽饼等均可制成植物农药进行杀虫治螨。用石灰、硫黄、波尔多液、高锰酸钾、植物制剂和醋等可防治食用菌多种病害，也可有限制地使用多菌灵、百菌清、扑海因、福美双、乙磷铝、克霉灵、代森锌、托布津、甲基托布津、硫酸铜等来防治食用菌真菌性病害。波尔多液可用于床架消毒。石硫合剂可杀介壳虫、虫卵等害虫，常用于菇房消毒。磷化铝、敌敌畏和植物性杀虫剂除虫菊酯、鱼藤精等，对防治菌蝇、菇蝇、菇蚊、蛾类等多种害虫都有显著的效果，并能有效地杀死空间、床面和培养料中的害虫。

（四）采收、分级、包装与运销

采后处理必须最大限度地保证产品的新鲜度和营养成分。要在适当的成熟度时开始采收，最好分期分批、无伤采收；采收后首先剔除病虫菇、伤残菇，然后根据菌体大小、形状、色泽和完整度合理分级；分级后迅速进行预冷处理或干燥处理；包装要在低温、清洁的场所进行，根据不同食用菌的特点和市场需求，实行产品分级包装，所有包装与标签材料必须洁净卫生；进行保鲜防腐处理时，最好采用辐射保鲜，这样既可杀灭菌体内外微生物、昆虫及酶的活力，也不会留下任何有害残留物，如果使用食品防腐剂，也要严格按照相关国家标准要求操作。包装上市前，应当申请对产品进行质量监督或检验，以获得认证和标识。鲜菇采用冷链运输，防止途中变质。出售时，产品要放置在干燥、干净、空气流通的货架或货柜上，防止在货架期污染变质，并严格在保质期内销售。

（五）加工与贮藏

1. 加工

食用菌加工品主要有干品、罐头、蜜饯等，加工必须执行《中华人民共和国食品卫生法》、NY/T392—2000《绿色食品食品添加剂使用准则》和 GB 7096—2003《食用菌卫生标准》。加工场所与环境必须清洁，并远离有毒、有害物质及有异味的场所，加工车间应建筑牢固，为水泥地面，清洁卫生，排水通畅。加工所用的原料要新鲜、匀净、无病变。食用菌加工品在生产加工过程中，要把好制作工艺关，认真按加工工艺操作，除注意环境卫生、加工过程卫生外，在使用各种添加剂、保鲜剂、防腐剂和包装物时，要严格执行 GB 2760—1996《食品添加剂使用卫生标准》、GB 9685—1994《食品容器、包装材料用助剂使用卫生标准》等国家标准。各种食用菌制品要符合 NY/T 749—2003《绿色食品食用菌》等标准，且在保藏、运输过程中严防微生物污染，以确保质量安全。从事加工的工作人员必须身体健康，有良好的卫生习惯，并定期进行身体检查，不允许有传染病的人上岗。

2. 菌贮藏

食用菌的贮藏可采用低温冷藏法、气调贮藏、化学贮藏和辐射贮藏。贮藏库应配备调温保湿设施，贮藏期间要进行严格的环境监控和制品质量抽查，以保证食用菌品质的稳定。出库后及时销售。

畜产品类

一、无公害猪肉生产技术

无公害猪肉生产包括生产养殖和屠宰两个环节。生猪生产环节包括猪场环境与工艺、引种、饲养管理、卫生消毒、运输等技术要求。其中，饲料和饲料添加剂、饮水、免疫和兽药使用是生猪生产的关键环节；屠宰场应获得定点屠宰许可证，并按照《生猪屠宰操作规程》GB/T 17236 和《畜禽屠宰卫生检疫规范》（NY467）规定进行屠宰。

（一）场地环境

1. 猪场环境

场地应选在地势高燥、排水良好、易于组织防疫的地方，场址用地应符合当地土地利用规划的要求。猪场周围 3km 无大型化工厂、矿厂、皮革、肉品加工、屠宰场或其他畜牧场污染源。距离干线公路、铁路、城镇、居民区和公共场所应具一定距离，周围有围墙或防疫沟，并建立绿化隔离带。

猪场生产区布置在管理区的上风向或侧风向处，污水粪便处理设施和病死猪处理区应在生产区的下风向或侧风向处。经常保持有充足的饮水，水质符合 NY 5027 的要求。场区净道和污道分开，互不交叉。推荐实行小单元式饲养，实施"全进全出制"饲养工艺。

2. 设施设备

猪舍应能保温隔热，地面和墙壁应便于清洗，并能耐酸、碱等消毒药液清洗消毒。舍内温度、湿度环境应满足不同生理阶段猪的需求。舍内通风良好，空气中有毒有害气体含量应符合 NY/T 388 要求。饲养区内不得饲养其他畜禽动物。猪场应设有废弃物储存设施，防止渗漏、溢流、恶臭对周围环境造成污染。

（二）生产资料

1. 引种

坚持自养自繁的原则；必须引进种猪时，应从具备《种畜禽经营许可证》和《动物防疫合格症》的种猪场引进。不得从疫区引进种猪。种猪在装运及运输过程中没有接触过其他偶蹄动物，运输车辆应做过彻底清洗消毒；引进的种猪隔离观察饲养30 天，经当地动物防疫监督机构确定为健康合格后，方可供生产使用。

种猪：应来自规范生产的、无烈性传染病和人兽共患病、无污染的合法经营的种猪场，要求猪群健康无病、体型外貌和生产性能等均符合品种标准要求；所养品种应适应当地的生产条件。

商品仔猪：应来自生产性能好、健康、无污染、管理良好的种猪群所产的健康仔猪。

2. 饲料与饲料添加剂

饲料应来源于无公害区域的草场、农区、无公害饲料种植地和无公害食品加工产品的副产品，要求无发霉、变质、结块及异味、异臭，其质量应达到各自质量标准和饲料卫生标准（GB13078）要求。

饲料添加剂应是农业部农牧发〔1999〕7 号文《允许使用的饲料添加剂品种目录》所列入的品种；饲料药物添加剂的使用按农业部农牧发〔1997〕8 号文《允许用作饲料药物添加剂的兽药品种及使用规定》严格执行，不得直接添加兽药，使用药物饲料添加剂应严格执行休药期制度。

3. 动物保健品

选择使用广谱、高效、低毒、低残留的兽药，禁止使用国家明文规定停止使用或有争议的药物品种，并严格按药物使用说明控制用量和保证停药期。

4. 禁用品

禁止在饲料和饮水中添加《禁止在饲料和动物饮水中使用的药物品种目录》中所列的药物，严禁添加、使用盐酸克伦特罗等国家严禁使用的违禁药物。禁止使用有机砷制剂和有机铬制剂。禁止用泔水或垃圾喂猪。严禁以下药物和物质用作猪生长剂：肾上腺素能药（如β-兴奋剂、异丙肾上腺素及多巴胺）、影响生长的激素（如性激素、促性腺激素及同化激素）、具有雌激素作用的物质（如玉米赤霉醇等）、催眠镇静药（如安定、氯丙嗪、安眠酮等）及农业部禁止作动物促生长剂的其他物质。

（三）生产技术

1. 饲养技术

肉猪即肥育猪的饲养分小猪（体重 20~40kg）、中猪（体重 41~70kg）和大猪（体重 74~100kg）三阶段饲养，并按不同品种与阶段的猪所需的营养水平饲喂适当的饲料日粮。一般日喂 3

餐，不限量；采用自动饲料槽的栏舍，则实行自由采食。

2. **动物保护技术**

工作人员进入生产区必须更衣、换鞋、消毒。保持舍内外环境卫生清洁，选择高效、低毒、广谱的消毒剂，严格对猪舍、场地和饮水消毒。搞好疾病综合防治工作，制定并实行合理的预防免疫程序，杜绝人畜共患病和烈性传染病的发生。

3. **环境污染控制技术**

采用科学配料，应用高效饲料添加剂（如酶制剂、微生态制剂、中草药制剂等）和高新技术（如膨化、制粒、热喷等），改变饲料品质、提高饲料利用率，减少排汇物中的磷、氮等对环境的污染。控制饲料中微量元素和药物添加量，减少一些有毒有害物质在肉猪组织的残留和对环境的污染。应用兽用防臭剂和微生物发酵等技术，采用干清粪工艺、自然堆腐或高温堆肥处理粪便；采用沉淀、固液分离、曝气、生物膜以及消毒和光合细菌设施处理污水；降低粪尿的污染，使猪场废水排放达到污水综合排放标准（GD 8978）所规定的"第二类污染物最高允许排放浓度"的要求。做好环境自净工作，利用饲养场地的地形地势，采取植树种草、"猪—沼—果（鱼）"立体生产模式等措施，就地吸收、消纳，降低污染，净化环境。

（四）疫病防治及卫生消毒

猪场入口应设消毒池和消毒间，猪舍周围环境应定期消毒，每批猪只调出后，要彻底清扫干净，然后进行喷雾消毒或熏蒸消毒。

定期对料槽、饲料车、料箱等用具进行消毒，定期进行带猪环境消毒，减少环境中的病原微生物。消毒剂建议选择符合《中华人民共和国兽药典》规定的高效、低毒和低残留消毒剂。

工作人员和外来参观者必须更衣和紫外线消毒后方能入场，并遵守场内防疫制度。工作服不应穿出场外。

无公害生猪饲养场应根据《中华人民共和国动物防疫法》及其配套法规的要求，结合当地实际情况，有针对性地选择适宜的疫苗、免疫程序和免疫方法，进行疫病的预防接种工作。

无公害生猪饲养场应根据《中华人民共和国动物防疫法》及其配套法规的要求，结合当地实际情况制定疫病监测方案，由动物防疫监督机构定期对无公害生猪养殖场进行疫病监测，确保猪场无传染病发生，其中，重点监测口蹄疫、猪水泡病等人畜共患病。

（五）运输

商品上市前，应申报检疫，经兽医卫生检疫部门根据GB16549检疫合格，并出具检疫合格证明方可上市屠宰。运输车辆在运输前和使用后要用消毒液彻底消毒。运输途中，不应在疫区、城镇和集市停留饮水和饲喂。

（六）屠宰加工

屠宰场应获得定点屠宰许可证，加工水质符合NY5028的要求，并按照《生猪屠宰操作规程》GB/T17236和《畜禽屠宰卫生检疫规范》（NY467）规定进行屠宰。

（七）病、死猪处理

需要淘汰、处死的可疑病猪，应采取不放血和浸出物不散播的方法进行扑杀，传染病猪尸体进行无害化处理。有治疗价值的病猪应隔离饲养，由兽医进行诊治。

（八）废弃物处理

猪场废弃物实行减量化、无害化、资源化处理。粪便经堆积发酵后作农业用肥。猪场污水应经发酵、沉淀后才能作液体肥使用。

（九）生产档案

无公害生猪饲养场应建立一系列相关的生产档案，确保无公害猪肉品质的可追溯性。

建立并保存生猪的免疫程序记录。

建立并保存生猪全部兽医处方及用药的记录。

建立并保存生猪饲料饲养记录，包括饲料及饲料添加剂的生产厂家、出厂批号、检验报告、投料数量，含有药物添加剂的应特别注明药物的名称及含量。

建立并保存生猪的生产记录，包括采食量、育肥时间、出栏时间、检验报告、出场记录、销售地记录。

二、无公害牛肉生产技术

无公害肉牛生产包括牛场环境与工艺、引种和购牛、饲养管理、卫生消毒、运输等技术要求。其中，饲料和饲料添加剂、饮水、免疫和兽药使用是肉牛生产的关键环节。

（一）场地选择

1. 场地

牛舍场地要求地形平坦、背风、向阳、干燥，牛场地势应高出当地历史最高洪水线，地下水位要在 2m 以下。水质必须符合《生活饮用水卫生标准》，水量充足，最好用深层地下水。要开阔整齐，交通便利，并与主要公路干线保持 500m 以上的卫生间距。牛舍应保持适宜的温度、湿度、气流、光照及新鲜清洁的空气，禁用毒性杀虫、灭菌、防腐药物。牛场污水及排污物处理达标。

2. 设备设施

牛舍应为平干舍，有牛床、运动场，面积不低于 $15m^2/$个，在牛舍前方设有专用饲料槽，运动场设水槽。牛舍地面、墙壁应用水泥清光处理，利于消毒液清洗消毒。在牛舍后墙外修建排污沟，牛粪便经排污沟直接进入农村沼气池无害化处理，减少污染。

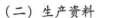

（二）生产资料

1. 引种和购牛

在基地范围内实行自繁自养的原则。不得从疫区购进，购进的牛应隔离观察，经临床健康检查无病，并附有检疫合格证。

基础母牛群可为本地母牛，育肥用牛应为杂交肉牛。对于从场外购入的肉牛须要经过严格检疫和消毒。

2. 饲料与添加剂

粗饲料包括牧草、野草、青贮料、农副产品（藤、蔓、秸、秧、荚、壳）和非淀粉质的块根、块茎的使用，应是在无公害食品生产基地中生产的、农药残留不得超过国家有关规定、无污染、无异常发霉、变质、异味的饲料。应具有一定的新鲜度，在保持期内使用，发霉、变质、结块、异味及异臭的原料不得使用。

配合饲料、浓缩饲料和添加剂预混合饲料的购买和使用，必须由畜牧管理部门批准的经销供应，在畜牧技术员的指导下使用。不得私自随处购买和使用。饲料添加剂的使用应严格按照产品说明书规定的用法、用量使用。严禁使用违禁的饲料添加剂。合理使用微量元素添加剂，尽量降低粪尿、甲烷的排出量，减少氮、磷、锌、铜的排出量，降低对环境的污染。

3. 禁用品

禁止使用肉骨粉、骨粉、血浆粉、动物下脚料、动物脂粉、蹄粉、角粉、羽毛粉、鱼粉等动物源性饲料。

（三）饲养管理

1. 育肥前的饲养管理

牛只购进后 1～2 天内供给充足饮水，少给草料，以后逐渐加料，并过渡到育肥饲料；将牛群称重，按体重大小和膘情分群，并进行药物驱虫。

2. 育肥期间的饲养管理

（1）饲养方式：采取栓系饲养方式，牛绳长度以舔不到自己的身体为度。

（2）定时定量饲喂：平均每头牛每天进食日粮干物质约为牛活重的 1.4%~2.7%，精粗料比约为 1:4，饲喂过程是先粗后精，先干后湿，定时定量，少给勤添，喂完自由饮水。转入育肥饲养后，要逐渐变更饲料配比，逐渐加大精料给量。

3. 出栏前的准备

（1）进行膘情评定，确认达到肥育程度（约 500~550kg）后方可出栏。

（2）经畜牧部门检疫合格并开具检疫合格证明。

（四）疫病防制

1. 卫生消毒

（1）牛场院内防蚊蝇、防鼠，尽可能切断传播途径，搞好环境卫生，不允许在场内宰杀、解剖和加工牛及其产品。

（2）牛场门口车辆出入处，应设立混凝土结构的消毒池，池深 30cm，池长 500~800cm，池内加 5% 火碱水，水深保持 15~20cm。牛场门口人员进出处，要设有与车辆进出处同样结构的消毒池，池内铺上麻袋或草袋、草帘，用 5% 火碱水浸透，并保持足够的水分。

（3）圈舍门口的消毒池与牛场门口人员进出处的消毒池同，长度 60~80cm，宽度 100~200cm。人员进出圈舍时，在池内踏步不少于 5 次。

（4）牛场场区每两周进行一次全面消毒，圈舍内每周进行两次带牛消毒。牛场内应备有 4 种以上不同类型的消毒药（如：碘伏类、二氧化氯或络合氯、复合酚类、季胺盐类、过氧乙酸类等）交替使用。消毒药的使用应严格按照产品使用说明书中规定的浓度和使用方法进行。

（5）不允许将场外的牛及其产品带入场内，场内的病死牛经过兽医技术人员鉴定后作无害化处理（2m 以下深埋或焚烧）。

在一批牛出舍后，要进行彻底清扫冲洗，用 3% 火碱水消毒，然后每立方米空间用甲醛 40～60mL 熏蒸消毒。在下一批牛入舍前再用消毒药液喷洒消毒一次，方法按（5）执行。

（6）饮水槽和料槽，在夏季每天清洗消毒一次，冬季每周清洗消毒两次。

2. 疫病防制

（1）根据本地区疫病流行情况，申请当地畜牧部门技术人员制定适合本场的免疫程序。免疫用疫苗必须由畜牧部门提供，以保证免疫效果。免疫疾病至少包括：炭疽病、五号病、牛出败。

（2）需要进行疾病诊治时，要在兽医技术人员指导下按国家有关规定执行，禁止使用有毒、有害、高残留药品和激素类药物。允许使用正规厂家生产的钙、磷、硒、钾等补充药、酸碱平衡药、体液补充药、电解质补充药、血容量补充药、抗贫血药、维生素类药，吸附药、泻药、润滑剂、酸化剂、局部止血药、收敛药和助消化药、微生态制剂。

抗菌药、抗寄生虫药和生殖激素类药的使用，应严格遵守规定的给药途径、使用剂量、疗程使用并严格执行休药期制度。慎用作用于神经系统、呼吸系统、循环系统、泌尿系统的兽药、具有雌激素样作用的物质，禁止使用催眠镇静药和肾上腺素等兽药。

（3）疫病监测。由动物疫病监测机构定期或不定期进行必要的疫病监测。定期对牛群进行布病、结核病的检疫。

（五）运输

肉牛上市前，应经动物防疫监督机构进行产地检疫，获得《动物产地检疫合格证明》，方可进入牲畜交易市场或屠宰场屠宰。运输车辆在装运前和卸货后都要进行彻底消毒。运输途中，不得在疫区、城镇和集市停留、饮水和饲喂。

（六）病死牛处理

需要淘汰、扑杀的可疑病牛由动物防疫监督机构采取措施处理，传染病牛尸体按国家规定处理。养殖区不能随意出售病牛、死牛。

（七）生产记录

认真做好日常生产记录，记录内容包括牛只标记和谱系的育种记录，发情、配种、妊娠、流产、产犊和产后监护的繁殖记录，哺乳、断奶、转群的生产记录，种牛及育肥牛的来源、牛号，主要生产性能及销售地记录，饲料及各种添加剂来源、配方及饲料消耗记录，防疫、检疫、发病、用药和治疗情况记录。

三、无公害羊肉生产技术

生产无公害羊肉包含两个生产环节：一是如何用无公害生产技术饲养肉羊；二是在羊肉屠宰加工过程中如何按照国家关于无公害畜产品加工的标准和要求生产。

（一）场地选择

1. 羊场

场址应符合 GB/T18407.3 规定的原则，选择地势高燥、排水良好、通风、土质坚实、周围无污染且便于防疫的地方。羊场周围 3km 以内无化工厂、肉食品加工厂、皮革厂、屠宰场及畜牧场等污染源。羊场距离城镇、居民区和公共场所 1km 以上，距交通要道 300m 以上。羊场周围要有围墙或防疫沟，并建绿化隔离带。饲养小区要统一规划，合理布局。羊场生产区要布置在管理区的下风或侧风向，办公室和宿舍应位于羊舍的上风向，兽医室和贮粪堆应在羊舍的下风向。

2. 羊舍

一个适宜的环境可以充分发挥肉羊的生产潜力，提高饲料利用率。一般来说，家畜的生产力 20% 取决于品种，40%~50% 取决于饲料，20%~30% 取决于整体环境。

羊舍设计应满足下列条件：

有利通风、采光、冬季保暖和夏季降温，羊舍温度冬季不低于 5℃，夏季不高于 30℃；利于防疫，防止或减少疫病发生与传播；保持羊只适当活动空间，便于添加草料和保持清洁卫生；羊舍坐北朝南，双坡屋顶，半封闭或全封闭式，宽 5.0m，高 2.5m，半封闭羊舍前面为半墙，高 1.5m，夏季敞开，冬季封堵；羊舍内靠后墙留出饲喂通道；按性别、生长阶段设计羊舍，实行分阶段饲养、集中育肥的饲养工艺。羊舍面积为：种公羊 4.0~5.0 m²/只，成年母羊 1.0~2.0 m²/只，青年羊 0.8~1 m²/只，羔羊 0.4~0.5 m²/只。

3. 设施设备

羊场前面为运动场，面积为羊舍面积的 2~3 倍。冬季寒冷时，运动场可蒙一层薄膜，实行暖棚养羊。地面用水泥防滑、砖铺或三合土地面，高出运动场 20cm，羊舍及运动场要留有坡度。羊舍内要铺设羊床。羊场应设净道和污道，并有废弃物处理设施，废弃物不能对羊只和环境造成污染，鼓励发展生态养殖模式。

4. 水源和水质应符合 GB/18407.3—2001 的规定

肉羊体内有毒有害物质的重要来源之一是生产中的饮用水，要特别引起关注，肉羊的饮用水水质要符合无公害畜产品饮用水质量指标。

（二）生产资料

1. 引种

坚持自繁自养的原则，不从有疫病或牛海绵状脑病及高风险的地区引进羊只、胚胎（卵）。必须引进羊只时，应从非疫区引进，并有动物检疫合格证明。羊只在装运及运输过程中不能接触其他偶蹄动物，运输车辆应进行彻底清洗消毒。羊只引入后至少隔离饲养 30 天，在此期间进行观察、检疫，确认为健康者方可合群饲养。

2. 饲料和饲料添加剂

肉羊日粮应以青绿饲料、粗饲料为主，并补充配合精料、多汁饲料等。

粗饲料应为青干草、甘薯藤、花生秧等优质粗饲料，豆秸、玉米秸、麦秸质量较差。小麦秸秆可经过氨化、微贮，玉米秸可进行青贮处理，以增加适口性，并提高营养价值。

青绿饲料应为紫花苜蓿、墨西哥玉米、菊苣、黑麦草等优质牧草或杂草、树叶等；多汁饲料可使用胡萝卜等。

精料应包括能量饲料、蛋白质饲料、矿物质饲料、饲料添加剂等。能量饲料有玉米、高粱、麸皮、米糠等；蛋白质饲料有豆饼（粕）、棉籽饼、菜籽饼等，棉籽饼、菜籽饼脱毒后才能利用；矿物质饲料有石粉、贝壳粉、食盐；添加剂有维生素添加剂、微量元素添加剂、中草药添加剂、脲酶抑制剂等。

3. 添加剂所用饲料和饲料添加剂

符合《饲料和饲料添加剂管理条例》和 NY 5127 规定。禁止使用骨粉、肉骨粉、鱼粉等动物性饲料，禁止添加使用 β - 兴奋剂类（瘦肉精）、激素类（玉米赤霉醇）、催眠镇静类及其他国家禁止使用的药物和饲料添加剂。

（三）饲养技术

1. 种公羊饲养

种公羊要全年保持中上等膘情，忌过肥过瘦，非配种期的种公羊，每日喂给精料 0.4 ~ 0.6kg，干草 2.5 ~ 3kg，青贮料或多汁料 0.5 ~ 0.8kg。种公羊配种前一个月，开始增加精料，逐步过渡到配种期日粮，配种期每只每日喂给 0.8～1.2kg 精饲料，胡萝卜 0.5～1.5kg，干草自由采食。配种高峰期每日每只增喂鸡蛋 2 枚。种公羊应单圈饲养，并与母羊圈保持一定距离。要保证种公羊每日运动不少于 2 小时。

2. 母羊饲养

母羊应按空怀期、妊娠期和哺乳期分阶段饲喂。

空怀期。配种前保持母羊中等膘情，膘情较好的母羊可少喂或不喂精料，但体况较差的母羊要加强补饲，配种前 2～3 周，每日喂混合精料 0.2～0.4kg，青粗饲料自由采食，使母羊尽快恢复体况，以较好膘情接受配种。

妊娠期。妊娠前期 3 个月饲喂优质牧草或青干草，根据母羊体况，一般可少补料或不补精料，并注意补给多汁饲料。妊娠后期，应加强补饲。每只每天补精料 0.3～0.5kg，青粗饲料自由采食，缺乏青草时，要补饲胡萝卜 0.5kg。

哺乳期。母羊分娩后 3 天内少喂精料，以后逐渐恢复正常喂量，哺乳前期每天每只应补给精料 0.4～0.7kg，青粗饲料自由采食，胡萝卜 0.5kg。哺乳后期要逐渐减少多汁饲料、青贮和精料喂量，以防发生乳房炎。

3. 羔羊饲养

羔羊出生后，应尽早吃到初乳。做好对羔羊的护理工作，确保每只羔羊都能吃到奶水。羔羊生后 10 日龄开始补喂青干草，15 日龄训练采食精料，20 日龄学会采食草料。1～2 月龄每天喂两次，补精料 100～200g，3～4 月每天喂 3 次，补精饲料 200～250g。缺奶羔和多胎羔羊，应找好保姆羊或人工哺乳，可用牛奶、羊奶、奶粉和代乳品等。人工哺乳务必做到清洁卫生，定时、定量、定温（35～39℃）。哺乳用具定期消毒，保持清洁。生后 1 月龄内非种用公羊应去势。羔羊 2～3 月龄断奶。断奶采取逐渐断奶法，即断奶前 1 周开始逐渐减少喂奶次数和时间，1

周后母子分开饲养。断奶后的羔羊加强补饲，防止掉奶膘。肉羊在生产过程中，注意补硒、补铁、补鲰，防止代谢病发生。

4. 青年羊饲养

断奶后不久的青年羊要加强饲喂，继续补喂精料，每天每只应喂配合精料0.2~0.5kg，公羊应多于母羊的饲料定额。粗饲料以优质干草、青贮料为宜。5~6月龄后可根据青粗饲料质量及膘情，少喂或不喂精料。青年种公羊不要采食过多青粗饲料，防止形成草腹，影响配种能力。

5. 肉羊育肥

宰前一个月为育肥期，育肥羊应选择优质杂交羊。育肥方式应为舍式育肥。应选择断奶羔羊或青年羊。育肥期不宜过长，一般为60天。应备足草料，并采取适当的方法贮存。育肥开始、中间、结束要称重。育肥开始的15天适应期，让羊只适应环境，多喂优质干草，少喂精料，充足饮水。育肥期精料占日粮的40%~60%，精料中要加入营养添加剂。料型以颗粒料效果为好。使用尿素育肥时应与精料混合饲喂，不能单独喂或把尿素放在水中饮用。添加量为每日成年羊10~15g，6月龄以上的青年羊6~8g。首次喂量为规定量的1/10，逐渐增加，10天后达到规定量。饲喂前后1小时不能饮水。育肥前要进行驱虫，育肥过程中要加强运动、饮水、啖盐等常规的饲养管理。

6. 出栏

肉羊育肥至40~45kg即可出栏，不要无价值延长出栏时间，以免造成浪费，出栏前16~24小时停止饲喂。

（三）疫病防控

1. 搞好羊舍和环境清洁卫生

羊圈要每天打扫，还要及时清理垫板底下的积粪，保持羊圈清洁、干燥和卫生。食槽要每天彻底清洗。

2. 做好消毒工作

工作人员进入生产区要更换工作服、工作鞋，并经紫外光照射，再踩消毒池方能进入。所用的消毒剂应符合 NY5148 准则的规定。定期对羊舍、用具和运动场等进行预防性消毒，带羊环境消毒等。羊舍周围环境要定期用 2% 火碱或撒生石灰消毒，场内道路、下水道口、粪坑每月用漂白粉或消毒药水消毒一次。每批育肥羊出栏后，栏舍要进行彻底消毒。注意将粪便及时清扫、堆积、密封发酵、杀灭粪中的病原菌和寄生虫卵或蚴虫。

3. 定期驱虫和免疫接种

为了预防羊的寄生虫病的发生，应在发病季节来临之前，用药物给羊群进行预防性驱虫，预防驱虫的时间，根据当地的寄生虫活动季节而定。免疫接种是预防羊主要传染病的重要措施，羊场应根据《中华人民共和国动物预防和免疫法》及其配套法规的要求，结合当地实际情况，有选择地进行疫病的预防和免疫接种，并且要注意选择适宜的疫苗、免疫程序和免疫方法。

4. 药物治疗

治疗使用药剂时应符合 NY5148—2002 的规定，使用附录 A 中列举的兽药，严格执行停药期的规定。禁止使用未经国家畜牧兽医行政管理部门批准的兽药和已经淘汰的兽药，禁止使用《食品动物禁用的兽药及其他化合物的清单》中的药物，如 β-兴奋剂、性激素、氯霉素等。达不到休药期的，不能作为优质肉羊上市。对可疑病羊应隔离观察、确诊。有使用价值的病羊应隔离饲养、治疗，治愈后，才能归群。

（四）运输要求

商品羊运输前，应经动物防疫监督机构根据 GB 16549《畜禽产地检疫规范》及国家有关规定进行检疫，并出具检疫证明，合格者方可上市或屠宰。运输车辆在运输前和使用后应用消毒液彻底消毒。运输途中，不应在城镇和集市停留、饮水和饲喂。

（五）废弃物处理

羊场污染物排放应符合相关规定。并实行无害化、资源化处理原则。对可疑病羊应隔离观察、确诊。有使用价值的病羊应隔离饲养、治疗，彻底治愈后，才能归群。因传染病和其他需要处死的病羊，应在指定地点进行扑杀，尸体应按 GB16548《畜禽病害肉尸及其产品无害化处理规程》的规定进行处理。羊场不应出售病羊、死羊。

（六）生产记录

引种记录：包括品种、引进厂名、引进时间、疫病检疫、免疫接种、经办人等。

饲料产品应保留样名并做标签，注明饲料品种、生产日期、批次、有效使用期等。

兽药及疫苗记录要写清名称、规格、数量、生产单位、批准文号、免疫时间等。

治疗记录写清发病的时间及症状、预防和治疗用药疗程、方法、药物名称、剂量、批号、生产单位、治疗效果等。

（七）屠宰加工规范化

规范化的屠宰加工是实现羊肉无公害生产的第二个环节，肉羊的屠宰加工场所是否卫生，操作工艺是否规范、用水是否符合国家规定的卫生要求，都会影响羊肉品质。因此，屠宰场所必须符国家规定的卫生标准，严格执行无公害肉羊生产技术规程的相关规定与要求。

四、无公害鸡蛋生产技术

无公害蛋鸡生产包括鸡场环境与工艺、引种、饲养管理、卫生消毒、运输等技术要求。其中，饲料和饲料添加剂、饮水、免疫和兽药使用是蛋鸡生产的关键环节。

（一）场地选择

1. **场地环境**

鸡场建设要符合当地土地利用整体规划，鸡场周围 3km 内无大型化工厂、矿厂或其他牧场等污染源，鸡场离干线公路 1km 以上，距村镇居民点及文化教育区域至少 1 km 以上，鸡场不得建在饮用水源、食品厂上游，不得建在风景名胜区域。

2. **场内建设**

鸡场内净道和污道要分开，鸡场周围要设绿化隔离带，生产区、生活区分开，雏鸡、青年鸡、成年鸡分开饲养，鸡舍有防鸟设施，鸡舍地面墙面应能耐酸、碱，便于使用消毒液清洗消毒。

3. **水、空气质量要求**

蛋鸡场饮用水须采取经过集中净化处理后达到《畜禽饮用水质量标准》（NY5027）的水源。禽场空气质量应符合《大气环境质量标准》（GB 3095）的要求。禽舍内空气中有毒有害气体含量应符合《畜禽场环境质量标准》（NY/T388）的要求，空气中灰尘、微生物数量应控制在规定数量以下。

4. **鸡舍设施设备**

场内设置专用的废渣（废弃物）储存场所和必备的设施，废水、粪渣等不得直接倒入地表水体或其他环境中。具备良好的防鼠、防虫、防鸟等设施。

（二）生产资料

1. **鸡苗**

（1）商品代雏鸡应来自通过有关部门验收核发《种禽生产经营许可证》的父母代种鸡场或专业孵化厂。

（2）雏鸡不能携带鸡白痢、禽白血病和霉形体等传染性疾病。

（3）不得从疫区购买鸡雏，要严把进雏质量关。

（4）选择活泼、大小整齐的健康鸡雏。选择的标准是：肛门干净，没有黄白色的稀粪黏着；脐带吸收良好，没有血痕存在；腹部收缩良好，不是大肚子鸡；喙、眼、腿、爪等不是畸形。

2. 饲料与添加剂

使用符合无公害标准的配合饲料，符合品种营养标准。不应在饲料中额外添加增色剂，如砷制剂、铬制剂、蛋黄增色剂、铜制剂、活菌制剂、免疫因子等。饲料包括配合饲料、浓缩料、添加剂和原料等，在感官上都应具有一定的新鲜度，具有该品种应有的色、臭、味和组织形态特征。添加剂产品应取得产品生产许可证、产品批准文号。产蛋期及开产前5周鸡饲料中不应使用药物饲料添加剂，制药工业副产品不应用作饲料原料，各种饲料使用时遵照标签规定的用法用量。不得使用霉败、变质、生虫或被污染的饲料。

（三）饲养技术

按照《无公害食品——蛋鸡饲养管理准则》（NY/T5043）的要求，分阶段、有针对性地实施饲养管理，确保蛋鸡健康生长和生产。

1. 雏鸡的饲养管理规范

0~6周龄为雏鸡阶段。雏鸡生长迅速，代谢旺盛，但体温调节能力较差，消化机能、抗病力较差。育雏的关键是为雏鸡创造良好的环境条件以及给予丰富的营养和精心的管理。在育雏阶段的环境条件中，必须满足雏鸡对温度、湿度、通风换气、光照、密度和卫生等条件的需要，随着日龄的变化，环境条件也要做相应的调整。在育雏前要制定育雏计划，做好育雏舍及其设备的准备，对育雏舍进行消毒和预热。以春季育雏效果最好，其他季节则应考虑气候特点加强环境控制。育雏方式有平面育雏和立体育雏两种，应根据各场条件选择使用。对雏鸡要及时开饮，出壳24小时应开食，使用新鲜、无霉变饲料，可减少许多消化系统和呼吸系统疾病；在饲料中适当添加多种维生素，特别是增加维生素 A 的用量，有利于增强雏鸡抗病力，减轻球虫病的危害。饲料槽和饮水器位置要恰当，防止饲料浪费，保证鸡群生长发育均匀。要经常观察鸡群，及时剔除病、弱雏，每天早晨要注意观察雏鸡粪便的颜色和形状是否正常，以便判定鸡群是否健康或饲料的质量是否发生问题。经常打扫卫生，及时清除粪便、污物，能有效地控制球虫卵囊的发育和其他病原微生物的繁殖。对病雏及时隔离治疗，疗效不佳时严格淘汰。应做到定期称重，适时分群，使其生长一致，提高成活率。

2. 育成期的饲养管理规范

7～18 周龄为育成期。育成鸡的特点是：绒毛脱尽换为成年羽被，有较强的体温调节能力和生活力，食欲旺盛，消化能力强。对育成鸡的管理目标是，让鸡的器官系统得到充分发育，在提高育成率的前提下，提高鸡群整齐度，为产蛋做好生理上的准备；采取有效措施，防止性早熟，保证产蛋期有理想的产蛋性能。具体要做到：①控制光照，每日光照时间长短直接影响性成熟的早迟，可实行逐日渐减制，在 10～18 周龄每日 8～9 小时光照为宜，光照强度以 5～10Lx 为好。②限制饲喂，适当限饲，可控制发育不使鸡过肥，使鸡群同时达到性成熟和体成熟，还可节约 10%～15% 的饲料。一般从 6～8 周龄开始限饲，可采用低能量饲料、低蛋白饲料或低赖氨酸饲料进行质的限饲，也可采用定时定量或每周饥饿 2 天的量的限饲。限饲必须在分群的前提下，有足够的槽位，以保持鸡群整齐度，并从 8 周龄开始补喂砂粒。③适时挑选育成蛋鸡，在 18～20 周龄时可进行选择，把那些生长发育不良、弱鸡、残次鸡及外貌特征不符合品种要求的鸡淘汰掉，低于平均体重 10% 以下的个体应淘汰，合理选留种用公鸡、母鸡，分类转入产蛋舍；公鸡按母鸡数的 11%～12% 选留。

3. 产蛋期的饲养管理规范

产蛋期饲养管理的主要任务是在客观条件许可的范围内最大限度地消除、减少可能出现的各种逆境对蛋鸡的有害影响，创造一个有益于蛋鸡健康和高产的环境，充分发挥其高产遗传潜力，产出量多质优的鸡蛋。蛋鸡入笼工作最好在 18 周龄前完成。转群最好在晚间进行，降低照度，以免惊群；在转出前 6 小时应停料；转群前后要饲喂预产期饲料，并增加各种维生素喂量，饮电解质溶液；根据不同的饲养方式保证合理的饲养密度；此时可采用逐渐延长和刺激产蛋的光照制度，光照强度可在 10～20Lx 调节；舍温应控制在 13～23℃；湿度保持在 60%～70%；适当通风换气，保证气流在舍内均匀分布，降低舍内有害气体浓度，以舍内无明显异味为准。春季是产蛋的旺季，要注意提高日粮的营养水平，特别是蛋白质、维生素和矿物质的补充；夏季气候炎热，要做好防暑降温工作；秋季气候变化剧烈，应注意调节，尽量减少外界环境条件的突然变化对母鸡产生的影响；冬季气温低，必须做好防寒保暖工作，并用人工补充光照。可采取分阶段饲养制度，在 25～44 周龄产蛋高峰期，要供给充足的蛋白饲料，适当控制能量饲料并合理补钙，应供给符合饮用水标准的充足清洁的饮水，要防止噪声应激，提高蛋鸡产蛋率，要做到及时捡蛋。产蛋高峰过后，可适当减料，降低饲料成本。根据季节不同调整饲料营养，夏季可减少能量饲料，增加蛋白质和钙质饲料，同时补充维生素 C；冬季则要适当增加能量饲料，减少蛋白饲料，要增加饲料中维生素 D 的含量，促进钙磷的吸收。要适当添加应激缓解剂，发现就巢鸡可用丙酸睾丸素醒抱；及时淘汰低产鸡。

（四）疫病防控

1. 环境消毒

鸡舍周围环境每 2～3 周用 2% 火碱液消毒或撒生石灰 1 次，场区周围及场内污水池、排粪坑、下水道出口，每 1～2 个月用漂白粉消毒 1 次，在大门口设消毒池，使用 2% 火碱或煤酚皂溶液。

2. 鸡舍消毒

鸡舍清空后要进行彻底清扫、洗刷、药液浸泡、熏蒸消毒，用 0.1% 新洁尔灭或 4% 来苏尔或 0.2% 过氧乙酸或次氯酸盐、碘伏等消毒液全面喷洒，然后关闭门窗用福尔马林熏蒸消毒，消毒后至少闲置 2 周才可进鸡，进鸡前 5 天再进行熏蒸消毒 1 次。

3. 器具消毒

定期对蛋箱、蛋盘、喂料器等用具进行消毒，可先用 0.1% 新洁尔灭或 0.2%~0.5% 过氧乙酸消毒，然后在密闭的室内用福尔马林熏蒸消毒 30 分钟以上。

4. 带鸡消毒

定期进行带鸡消毒，有利于减少环境中的微生物、空气中可吸入颗粒物。常用于带鸡消毒的试剂有 0.3% 过氧乙酸、0.1% 洁尔灭、0.1% 次氯酸钠等。带鸡消毒要在鸡舍内无鸡蛋的时候进行，以免消毒剂喷洒到鸡蛋表面。在免疫前、中、后三天不进行带鸡消毒。

5. 免疫接种

根据本场实际，制定符合情况的疫病防疫程序，并做到疫苗来源必须有生产批号的国家规定厂家，使用中注意规范以免失效。

6. 兽药使用

药物预防宜采用中药生物制品、矿物性药物等无公害药物防治，严格控制抗生素、激素及有害化学药品的使用。雏鸡、育成鸡前期为预防和治疗疾病使用的药物应符合无公害食品蛋鸡饲养兽药使用准则的要求。育成鸡后期，产蛋前 7~10 天停止用药。产蛋阶段正常情况下禁止使用任何药物，包括中草药和抗菌素。

产蛋阶段发生疾病用药治疗时，根据所用药物从用药开始到用药结束后一段时间内，所产鸡蛋不得作为食用蛋出售。

7. 疫病检测

要按照《中华人民共和国动物防疫法》及其配套法规要求，制定本场的疫病监测方案。常规监测的疫病有高致病性禽流感、鸡新城疫、鸡白痢、传染性支气管炎、传染性喉气管炎等，及时注意效价梯度，确保抗体浓度。

（五）捡蛋与分蛋

1. 捡蛋

捡蛋时间固定，每日上午、下午各捡 1 次，鸡蛋在舍内暴露时间越短越好，从鸡蛋产出到蛋库保存不得超过 2 小时。捡蛋时要轻拿轻放，尽量减少破损，破蛋率不得超过 3%。捡蛋时将破蛋、软蛋、特大蛋、特小蛋单独存放，不作为鲜蛋销售。

2. 分蛋

鸡蛋收集后将蛋壳清洁、无破损，蛋壳表面光滑有光泽，蛋形正常，蛋壳颜色符合品种特征的立即用福尔马林熏蒸消毒，消毒后分装入蛋托中送蛋库保存。对每批鲜蛋进行质量抽检，鸡蛋应符合《无公害食品鲜禽蛋》（NY5039）所规定的标准要求。

（六）鸡蛋的包装与运贮

包装。外包装采用特制木箱、纸箱、塑料箱等。内包装采用蛋托或纸格，将蛋的大头向上装入蛋托或纸格内，不得空格漏装。集蛋箱和蛋托应经常消毒。

贮存。贮存冷库温度为 -1 ~ 0℃，相对湿度保持在80%~90%。

运输 使用消毒过的封闭式货车或集装箱进行运输，不要将鸡蛋直接暴露在空气中运输。在运输搬运过程中应轻拿轻放，防潮，防曝晒，防雨淋，防污染，防冻。

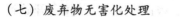

（七）废弃物无害化处理

1. 传染病致死鸡

传染病致死及因病捕杀的死鸡应按要求进行无公害处理，不得出售病鸡、死鸡。有救治价值的鸡应隔离饲养，由兽医进行诊治。

2. 鸡粪经无害化处理以后

可以作为农业用肥，不得作为其他动物的饲料。孵化场的副产品无精蛋不得作为鲜蛋销售，可作为加工用蛋，死精蛋可用于加工动物饲料，不得作为人类食品加工用蛋。

（八）档案记录

每个蛋鸡场要建立完善的生产记录档案，包括鸡苗信息（来源、品种、数量、日期）、环境信息（空气、水、温度、湿度）、饲料（饲料及添加剂名称，喂料量）、免疫、兽药使用记录（生产厂家、批号、数量）、工作程序记录（每天做过哪些工作）、生产状况信息（鸡群健康状况、蛋鸡体重、产蛋量）以及蛋品的检验、包装和销售情况等，及时记入《养殖生产日志》中，资料保存期为 2 年以上。

五、无公害牛奶生产技术

无公害牛奶生产技术包括奶牛养殖和鲜牛奶加工两个环节，奶牛养殖包括牛场环境与工艺、引种、饲养管理、卫生消毒、运输等技术要求。其中，饲料和饲料添加剂、饮水、免疫和兽药使用是奶牛生产的关键环节。

（一）场地选择

1. 牛场环境与工艺

奶牛场应建在地势平坦干燥、背风向阳，排水良好，场地水源充足、未被污染和没有发生过任何传染病的地方。牛场内应分设管理区、生产区及粪污处理区，管理区和生产区应处上风向，粪污处理区应处下风向。牛场净道和污道应分开，污道在下风向，雨水和污水应分开。牛场周围应设绿化隔离带。牛场排污应遵循减量化、无害化和资源化的原则。

2. 牛舍建造

牛舍应具备良好的清粪排尿系统。牛舍内的温度、湿度、气流（风速）和光照应满足奶牛不同饲养阶段的需求，以降低牛群发生疾病的机会。牛舍地面和墙壁应选用适宜材料，以便于进行彻底清洗消毒。

3. 水质、温度、空气质量要求

奶牛舍应能保温隔热，牛舍内的温度应满足奶牛不同群的要求，以降低牛群发生疫病的机会。一般要求大牛舍控制在 5 ~ 31℃，小牛舍 10 ~ 24℃，相对湿度 50% ~ 70%，噪音控制在 90 分贝以下，因为噪音对奶牛的应激影响很大。牛舍内通风良好，牛舍内空气质量应符合 NY/7388 的规定，空气中有毒，有害气体含量：氨气 20mg/m³、硫化氢 2mg/m³、二氧化碳 1 500mg/m³、PM10（可吸入颗粒物）2mg/m³、TSP（总悬浮颗粒物）4mg/m³、恶臭 70 稀释倍数。

（二）科学引种

1. 购牛

选择体质健康，体型结构良好的乳用型奶牛品种。新购入的奶牛应来自于具有种牛生产经营许可证的，未发生过任何传染病的正规奶牛场，并按照 CB16567《种畜禽调运检疫技术规范》进行检疫。引进的奶牛应在隔离舍内，隔离观察 30 ~ 45 天经兽医检查确定为健康合格后，方可进入牛舍。

2. 饲料与添加剂

（1）饲料原料、饲料添加剂，配合饲料、浓缩饲料，应具有一定的新鲜度，且无发霉、变质、结块、异味及异臭，其有害物质及微生物允许量应符合 GB13078《饲料卫生标准》及相关标准的规定。

（2）营养性饲料添加剂和一般性饲料添加剂产品是中华人民共和国农业部颁布的《允许使用的饲料添加剂品种目录》所规定的品种和取得试生产产品批准文号的新饲料添加剂品种。药物饲料添加剂使用应按照中华人民共和国农业部颁布的《药物饲料添加剂使用规范》执行，并严格执行休药期制度。

（3）禁止在奶牛饲料中添加和使用肉骨粉、骨粉、血粉、血浆粉、动物下脚料、动物脂粉、干血浆及其他血液制品，以及脱水蛋白、蹄粉、角粉、鸡杂碎粉、羽毛粉、油渣、鱼粉、骨胶等动物原性饲料。

（三）饲喂管理

1. 饲喂技术

按饲养规范饲喂，不堆槽，不空槽，精、粗料合理搭配。饲喂要定时、定量，少喂勤添，不喂发霉变质和冰冻的饲料。应捡出饲料中的异物，保持饲槽清洁卫生。

保证足够的新鲜、清洁饮水，运动场设食盐、矿物质（如矿物质舔砖等）补饲槽和饮水槽。夏季调制凉汤料、粥料喂牛，多喂青绿、多汁饲料，冬季辅以热粥喂牛，定期清洗消毒饮水设备。

2. 挤奶管理

科学的挤奶方法能刺激乳腺神经兴奋，促进乳房血液循环，促使乳房膨胀，加快乳汁的排泄过程提高产奶量。贮奶罐、挤奶机使用前后都应清洗干净，按操作规程要求放置，乳房炎病牛不应上机挤奶，上机时临时发现的乳房炎病牛不应套杯挤奶，应转入病牛群手工挤奶后治疗。牛奶出场前先自检，不合格者不应出场，机械设备应定期检查、维修、保养、消毒。

3. 肢蹄护理

修蹄是奶牛管理不可忽视的工作。舍饲牛的蹄往往过长，蹄形不正，造成肢蹄疾病。要求仔细检查蹄形及步态。对蹄形不正者要及时修削、矫正，对有腐蹄病的牛予以治疗。

4. 奶牛的护理

按时饲喂和挤奶、饲养员要培养奶牛温顺、听话的习惯，不要恐吓和棍打奶牛。牛舍应防止噪音，保持安静，以免影响产奶量。每天按时刷拭牛身，不仅能清除体外寄生虫，还能加强牛体血液循环。可用铁刨和棕刷，站在牛的两侧，自头颈、前躯至后躯、四肢至尾部，依次刷拭，动作要轻快。

5. 运动

舍饲奶牛要尽量让其到室外活动，防止奶牛过肥而引起繁殖力低下。在喂料、挤奶完毕后将牛放出运动，夏天可在傍晚时放出，冬天在白天放出，每天安排 8 小时以上的露天活动。

（四）疫病防控

1. 卫生消毒

（1）环境消毒。牛舍周围环境（包括运动场）每周用2%火碱消毒或撒生石灰 1 次；场周围及场内污水池、排粪坑和下水道出口，每月用漂白粉消毒 1 次。在大门口和牛舍入口设消毒池，使用 2% 火碱或煤酚溶液。

（2）人员消毒。工作人员进入生产区应更衣和紫外线消毒，工作服不应穿出场外。外来参观者进入场区参观应彻底消毒，更换场区工作服和工作鞋，并遵守场内防疫制度。

（3）牛舍消毒。牛舍在每班牛只下槽后应彻底清扫干净，定期用高压水枪冲洗，并进行喷雾消毒或熏蒸消毒。

（4）用具消毒。定期对饲喂用具、料槽和饲料车等进行消毒，可用0.1%新洁尔灭或 0.2%~0.5% 过氧乙酸消毒；日常用具（如兽医用具、助产用具、配种用具、挤奶设备和奶罐车等）在使用前后应进行彻底消毒和清洗。

（5）带牛环境消毒。定期进行带牛环境消毒，有利于减少环境中的病原微生物。可用于带牛环境消毒的消毒药有：0.1%新洁尔灭，0.3%过氧乙酸，0.1%次氯酸钠，以减少传染病和蹄病等发生。带牛环境消毒应避免消毒剂污染到牛奶中。

（6）牛体消毒。挤奶、助产、配种、注射治疗及任何对奶牛进行接触操作前，应先将牛有关部位如乳房、乳头、阴道口和后躯等进行消毒擦拭，以降低牛乳的细菌数，保证牛体健康。

2. 免疫接种

奶牛场应根据《中华人民共和国动物防疫法》及其配套法规的要求，结合当地实际情况，有选择地进行疫病的预防接种工作，并注意选择适宜的疫苗，免疫程序和免疫方法。

3. 疫病监测

奶牛场应依照《中华人民共和国动物防疫法》及其配套法规的要求，结合当地实际情况，制定疫病监测方案。常规监测至少应包括：口蹄疫、蓝舌病、炭疽病、牛白血病、结核病、布鲁氏菌病。同时需注意监测我国已扑灭的疫病和外来疫病，如牛瘟、牛传染性胸膜肺炎、牛海绵状脑病等。

4. 疫病控制和扑灭

奶牛场发生疫病或怀疑发生疫病时，应根据《中华人民共和国动物防疫法》及时诊断、并采取措施，尽快向当地畜牧兽医行政管理部门报告疫情。确诊发生疫情的，奶牛场应配合当地畜牧兽医行政管理部门，根据疫情不同对牛群实施隔离、扑杀、清群和净化消毒等措施。

5. 兽药使用

应严格按照《中华人民共和国动物防疫法》和 NY5047《奶牛饲养兽药使用准则》的规定，建立规范的生物安全体系，防止奶牛发病和死亡，最大限度地减少化学药品和抗生素的使用。经确诊确需使用治疗用药时，兽药的使用应有兽医处方并在兽医的指导下进行。用于预防、治疗和诊断疾病的兽医用药应符合《中华人民共和国兽药典》《中华人民共和国兽药规范》《中华人民共和国兽用生物制品质量标准》《兽药质量标准》《进口兽药质量标准》相关规定。所用兽药的标签应符合《兽医管理条例》的规定。

严格执行各种药物的休药期。休药期应严格遵守 NY5043《奶牛饲养兽药使用准则》附录 A 规定的时间。

慎用作用于神经系统、循环系统、呼吸系统、泌尿系统的兽药及其他兽药。

（五）牛奶盛装、贮藏

应符合 NY5045 的规定。

1. 包装

包装材料应适用于食品，应坚固、卫生，符合环保要求，不产生有毒有害物质和气体，单一材质的包装容器应符合相应国家标准；复合包装袋应符合规定。包装材料仓库应保持清洁，防尘，防污染。包装容器使用前应消毒，内外表面保持清洁。包装应严密，不发生渗漏或破裂，不得二次污染。

2. 贮存

巴氏杀菌乳贮存温度 2～6℃；灭菌乳常温避光贮存；贮存场所干燥、通风；不得与有害、有毒、有异味或对产品产生不良影响的物品同处贮存。

（六）病死牛及产品处理

对于非传染病及机械创伤引起的病牛只，应及时进行治疗，死牛应及时定点进行无害化处理，应符合 GB16548 的规定。使用药物的病牛生产的牛奶（抗生素奶）不应作为商品牛奶出售。牛场内发生传染病后，应及时隔离病牛，病牛所产乳及死牛应作无害处理，应符合 GB16548 的规定。

（七）废弃物处理

场区内应于生产区的下风处设贮粪场，粪便及其他污物应有序管理。每天应及时除去牛舍内及运动场褥草、污物和粪便，并将粪便及污物运送到贮粪场。

场内应设牛粪尿、褥草和污物等处理设施，废弃物应遵循减量化、无害化和资源化的原则。

（八）资料记录

奶牛场应有各种科学规范的奶牛生产、育种、繁殖等记录表格，逐项准确地填写各项生产记录。根据原始记录，定期进行统计、分析和总结，用于指导生产。

繁殖记录：包括发情、配种、妊检、流产、产犊和产后监护记录。

兽医记录：包括疾病档案和防疫记录。

育种记录：包括牛只标记和谱系及有关报表记录。

生产记录：包括产奶量、乳脂率、生长发育和饲料消耗等记录。

病死牛应做好淘汰记录，出售牛只应将抄写复本随牛带走，保存好原始记录。

牛只个体记录应长期保存，以利于育种工作的进行。

水产品类

一、无公害鱼类生产技术

无公害鱼类养殖过程包括选择场地、饲养、鱼病防治等技术，其中，关键技术是鱼病防治，注意防治鱼类病虫害要符合《渔用药物使用准则》（NY5071）。

（一）场地选择

1. 无公害鱼类对生产基地的要求

无公害鱼类的养殖基地必须建在无化工厂、无传染病无医院、无造纸厂、无食品加工厂及无放射性物质等污染源的环境中。严禁向基地排放未经处理的各种污水，基地养殖水面禁止使用燃油机动船只。

2. 池塘条件

池塘建设要符合无公害养殖标准。注排水渠道分开，避免互相污染；在工业污染和市政污染污水排放地带建立的养殖场应建有蓄水池，水源经沉淀、净化或必要的消毒后再灌入池塘中；池塘无渗漏，淤泥厚度应小于 10cm；进水口加密网（40 目）过滤，避免野杂鱼和敌害生物进入鱼池。

3. 无公害鱼类对大气环境质量的要求

要求大气环境质量标准为：4 种污染物的浓度限值，即总悬浮颗粒物（TSP）、二氧化硫（SO_2）、氮氧化物和氟化物（F）的浓度符合《环境空气质量标准（GB3059—1996）》的规定。

4. 无公害鱼类对养殖水域土壤环境的要求

要求土壤环境中汞、镉、铜、砷、铬（六价）、锌、六六六、滴滴涕的残留量应符合《土地环境质量标准（GB15618—1995）》的规定。

5. 无公害鱼类的养殖对水源水质的要求

水源水质的感官标准（色、臭、味），卫生指标等一定要符合《无公害食品淡水养殖用水水质标准（NY5051—2001）》的规定。

（二）苗种选择

选择优质的养殖品种和苗种是水产养殖的基础。常见的淡水鱼品种，如青、草、鲢、鳙、鲤、鲫、鳊、鲂、鲶等都是适合无公害养殖的优质品种。优质的苗种应具备体色均匀、规格整齐、体格健壮、顶水能力强、游泳活泼、摄食能力强的特点。

（三）饲料

在无公害生产中，鱼类饵料主要是投喂人工饵料。选择无公害饲料时具体要求如下。

（1）根据品种及不同阶段的营养需要确定科学合理的饲料

配方。

（2）严格把好原料关。变质的、污染的和不符合无公害要求的原料应拒用。

（3）应购买正规厂家和销售商家的饲料，防止使用不符合无公害要求的劣质饲料。

（4）添加剂的使用（如维生素、无机盐、抗生素、黏合剂、天然促生长剂）要符合我国《兽药典》规范，不能滥用。一些需在投饵时添加的物质（如油类），饲料产品说明中应明确指出添加的量、种类、比例、要求，不可随意添加。

（5）饲料应小心贮藏，防止受潮霉变，且应在规定时间内使用。过期或变质的饲料应拒用。

（6）在使用当地的动物性或植物性饲料时，必须保证饲料不变质、无污染，坚持适量使用的原则。

作为无公害鱼饲料，不得添加有砷制剂（如氨苯砷酸）和抗生素药渣；严禁使用违禁药物（包括肾上腺类药、激素及激素类样物质和催眠镇静类药等）；不得使用转基因动植物产品。

（四）养殖技术

1. 放养前准备工作

（1）清塘、消毒：养殖无公害鱼类的池塘，秋末把池水排干，暴晒，冬季冻结池底。连续5年用于越冬的池塘应闲置一个夏季，保持池底干枯，连续养鱼3年以上的池塘一定要彻底清除底泥，最好用生石灰消毒，生石灰的用量75kg/亩。

（2）施基肥：无公害鱼类的养殖要求所施的基肥一定要用0.2mg/L浓度的硫酸铜除臭。肥料的种类包括有机肥和无机肥。肥料的使用方法及施用量可参照《中国池塘养鱼技术规范长江下游地区食用鱼饲养技术（SC/T10165—1995）》要求使用。

（3）注水：注水的时间、水深、水量均同一般养殖。水源的水质一定要符合无公害鱼类的水质标准。

（4）苗种消毒：苗种放养前必须先进行鱼体消毒，以防鱼种带病下塘。一般采用药浴方法，常用药物用量及药浴时间为：3%~5%的食盐5~20分钟；15~20mg/kg的高锰酸钾5~10分钟；15~20mg/kg的漂白粉溶液5~10分钟。药浴的浓度和时间须根据不同的养殖品种、个体大小和水温等情况灵活掌握，以鱼类出现严重应激为度。苗种消毒操作时动作要轻、快，防止鱼体受到损伤，一次药浴的数量不宜太多。

2. 苗种投放

应选择无风的晴天，入水的地点应选在向阳背风处，将盛苗种的容器倾斜于池塘水中，让鱼儿自行游入池塘。

3. 合理的混养

根据自身池塘条件、市场需求、鱼种情况、饲料来源及管理水平等综合因素合理确定主养和配养品种及其投放比例，合理的混养不仅可提高单位面积产量，对鱼病的预防也有较好的作用。此外，混养不同食性的鱼类，特别是混养杂食性的鱼类，能吃掉水中的有机碎屑和部分病原细菌，起到净化水质的作用，减少鱼病发生的机会。

4. 早放养

在有条件的情况下提倡早放养，改春季放养为冬季放养或秋季放养，使鱼类提早适应环境。深秋、冬季水温较低，鱼体亦不易患病，同时开春水温回升即开始投饵，鱼体很快得到恢复，增强了抗病力。

5. 投饲技术

根据鱼类的摄食习性制定合理的投饵方式，投饵率的计算以鱼类八分饱为宜，可参照我国传统生产的"四定"投饲（即定时、定位、定质、定量）和"三看"（看天气、水质、看鱼情）原则，充分发挥饲料的生产效能，降低饲料系数。

（五）鱼病防治

由于鱼类生活在水中，一旦发病不易治疗，故无公害养殖鱼类疾病防治采取"无病先防，有病早治，防重于治"的方针，坚持"以防为主，防治结合"的原则，使用"三效"（高效、速效、长效）和"三小"（毒性小、副作用小、用量小）的渔药，尽量使所用的药物发挥最大药效而药物的残留降到最低。

1. 加强日常管理

每天早晚各巡塘1次，观察水色和鱼的动态及水质变化情况；经常清扫食台、食场，每半个月用漂白粉消毒1次；每月加注新水2~3次，改善水质，提高鱼类的免疫力和抵抗力。

2. 无病先防，有病早治

一般在7月底、8月底和9月初每隔15~20天用30 mg/L剂量的生石灰水全池泼洒，防治鱼病；自7月底起每隔20天左右用防治肠炎类等细菌性疾病的药饵连喂3天。鱼类一发病，多出现食欲丧失的症状，无法用药饵治疗，但投喂的药饵对健康鱼有预防性的保护作用，故发现疾病应及时治疗，否则发病率会迅速增加，给治疗带来困难。

3. 正确诊断，对症下药

鱼患病时常会出现一些典型病变，某些寄生虫病肉眼可观察到虫体，对于疾病诊断有帮助。如体表出现盖印章似的病变常见于腐皮病；鳃丝腐烂、鳃盖穿孔见于细菌性烂鳃病等。必要时还可结合解剖检查、实验室检查确诊。针对疾病准确用药。

4. 选择符合无公害要求的药物

所选药物应符合《兽药典》，并尽可能选用中药，或选用已经临床试验、安全性好、有品质保证、残留量少、残留时间短的药物，避免盲目用药。严禁使用高毒、高残留和对环境有严重破坏的渔药；严禁直接向养殖水域泼洒抗生素或将新近开发的人用新药作为渔药的主要或次要成分。无公害养殖禁用的渔药有40

多种，如氯霉素、孔雀石绿、克伦特罗、己烯雌酚、二甲硝咪唑、其他硝基咪唑类、异烟酰咪唑、磺胺类药、呋喃唑酮、氟乙酰苯醌和糖肽等。

5. 内服外用药物结合使用

细菌性疾病一般都应内服和外用相结合，对于体表寄生虫感染，一般只需使用外用药物即可，但有时采用内服给药也可奏效。另外，切忌用药后见病情好转就擅自停药，过早停药，疾病极易再次发作。

6. 保证一定的休药期

在鱼产品上市前1个月或更长时间，停止用药，以确保产品达到无公害食品标准的要求，这是发展无公害鱼类生产的重要措施之一。

（六）贮、运

贮运用水的水质应符合国家的有关规定。鱼在贮运过程中应轻放、轻运，避免挤压与碰撞，注意不得脱水或脱冰。

包装的容器应无毒、无异味，洁净、坚固并具有良好的排水条件。活鱼可用帆布桶、活鱼箱或尼龙袋充氧等盛装，鲜鱼采用竹筐、木桶、塑料箱或塑料桶等。

活鱼宜用活鱼运输车、活水船或有充氧装置的其他运输设备装运。鲜鱼应采取保温、保鲜措施，冰鲜鱼品的温度应控制在0~5℃，降温用冰应符合国家的有关规定。

运输工具在装鱼前应清洗，做到洁净、无毒且无异味，严防运输途中受到污染。

活鱼贮存可在洁净、无毒、无异味的水泥池、水族箱中，充氧暂养。

二、无公害虾类生产技术

无公害淡水虾是指在良好的生态环境下，生产过程符合国家规定的无公害水产品生产技术操作规程，有毒有害物质控制在安全允许范围内的淡水虾产品。无公害淡水虾的养殖包括对产地生态环境质量要求，渔药使用准则，饲料使用准则，肥料使用准则等。

（一）场址选择

1. 场地要求

养殖场要选择在符合国家质量监督检验检疫总局颁布的《农产品安全质量 无公害水产品产地环境要求》GB/T18407.1—2001要求的水域，也就是要求选择生态环境良好，无工业废弃物和生活垃圾、无大型植物碎屑和动物尸体，底质无异色、异臭，自然结构，养殖地域内上风向、位于灌溉水源上游，3km 内无任何污染源。养殖场址的选择应考虑土质、供水、供电、地形、交通和通讯等因素。

2. 养殖场的布局和结构

场房应尽量居于虾场平面的中部；虾池应在场房的前后；产卵池、孵化设备应与亲虾池靠近；虾苗培育池接近孵化设备；蓄水池应建在全场最高点；污水处理池建在最低处，并能收集全场污水。

虾池可以为正方形，也可以为长方形，虾池池底要求平坦，建有集虾沟，淤泥厚度小于 15cm。虾池可以是泥池或水泥池，进水口应在养殖池的高处，排水口应在养殖池的低处，最好能从排水口排干所有池中的水，进水口用网孔尺寸 0.177～0.250mm 筛绢制成过滤网袋过滤；每个池、排水独立，不允许池间串水，排水应安两个管，一个高位管，以便排出多余的水和过量藻类，另一个低位管，能排净池中积水和底污。亲虾培育池面积 2 000～6 700m²，水深 0.5～1.0m；苗种培育池面积 15～20m²，水深 1.0～1.5m，商品虾养殖池面积 2 000～6 700 m²，水深 0.7～1.5m。池塘应配备水泵、增氧机等机械设备，每亩水面要配置 4 500W 以上的动力增氧设备。

3. 土质

无公害淡水虾对土质的要求不高，黏土、壤土、砂壤土均可以。但要求保水性好，透气性适中，堤坝结实，能抗洪，土壤中汞、镉、铅、砷、铬、铜、锌以及六六六，滴滴涕的含量应符合国家质量监督检验检疫总局颁布的《农产品安全质量 无公害水产品产地环境》GB/T 18407.1—2001 中规定的限量要求。

4. 供水

供水包括食用水和养殖用水。食用水必须符合国家饮用水的标准。养殖用水要求有水量充足、水质清新无污染的水源，且无异味，异臭和异色。水质必须符合国家环境保护总局颁布的《渔业水质标准》GB11607—89 和农业部颁布的《无公害食品 淡水养殖用水水质标准》NY5051—2001 的要求。淡水虾对水质要求较高，水源水质应相对稳定在安全范围内，水中溶解氧应在每升5mg 以上，pH 值应在 7.0 ~ 8.5。

5. 大气环境

大气环境质量也是影响无公害淡水虾养殖的一个重要因素，淡水虾养殖场周围大气中的总悬浮颗粒、二氧化硫、氮氧化物和氟化物等污染物都应在无公害水产品生产对大气环境质量规定的限量内。

(二) 无公害淡水虾的选购和繁育

虾苗可以通过选购和繁育两种方法来获得。

1. 虾苗选购

购买虾苗要到符合国家规定的无公害育苗场选购，为了保证虾苗的成活率，要求虾苗无伤、无病、活力强、弹跳有力、体色透亮，规格整齐，体长在 1.5cm 以上。

2. 苗种繁殖

一般虾苗的繁殖是在人工条件下进行的。

（1）亲虾来源。虾苗的繁殖离不开亲虾，亲虾要从符合国家规定的良种场引进，不得从疫区或有传染病的虾塘中选留亲虾。也可以选择从江河、湖泊、沟渠等水质良好的水域捕捞符合亲虾标准的淡水虾。亲虾要求甲壳肢体完整，体格健壮、活动有力、无病无伤、规格在6cm以上；还有一种方法就是在繁殖季节直接选购规格大于6cm的抱卵虾作为亲虾。无论是从哪种渠道所获得的亲虾，在入池前都要进行检疫。检疫合格后才能进行繁殖。

（2）亲虾的运输。为保证亲虾的健康和成活率在运输过程中要带水作业。亲虾的运输方式主要有活水车网隔箱分层运输、水箱运输、塑料袋充氧密封运输。

（3）亲虾池清理消毒。为了防病，亲虾放养前，必须对亲虾培育池进行清理消毒，清除过多的淤泥，用药物进行清塘消毒，达到消除病源和杀死敌害生物的目的。清塘一般每亩使用生石灰120～150kg加水全池均匀泼洒。养虾池清塘消毒后，必须进行晒塘，晒塘也可以起到进一步消毒的作用。要求晒到塘底全面发白、干硬开裂，越干越好。一般需要晒2周以上。

（4）亲虾的放养密度。虾的放养密度要适当，放养密度太小不经济，放养密度太大水中溶解氧下降，会影响亲虾的健康。一般每亩放养亲虾45～60kg，雌、雄比为（3～5）：1。

（5）饲料及投喂。亲虾饲料投喂应以配合饲料为主，投喂量为亲虾体重的2%～5%，饲料安全限量应符合农业部颁布的《无公害食品 渔用配合饲料安全限量》NY5072—2002的规定。也就是在配合饲料中使用的促生长剂、维生素、氨基酸、脱壳素、矿物质、抗氧化剂或防腐剂等添加剂种类及用量应在无公害水产品生产规定的安全限量内。饲料中不得添加国家禁止使用的药物。在亲虾培育期间可适当加喂优质无毒、无害、无污染的鲜活动物性饲料如小杂鱼，投喂量为亲虾体重的5%～10%。配合饲料每天投喂 2 次，上午投喂日投喂总量的 30%，黄昏后投喂，70%，鲜活动物性饲料要在黄昏时投喂一次。

（6）亲虾产卵。5月，当水温上升至 18℃ 以上时，亲虾开始交配产卵，将抱卵虾用地笼捕出。抱卵虾的卵颜色深，表明卵子产出时间不长，受精卵连接牢固，不易分离；受精卵颜色淡，表明卵子即将孵出，极易掉卵；生产中应选择那些具有淡绿色或灰褐色卵的抱卵虾，这样的抱卵虾孵化时间短，可节省生产成本，同时，卵粒间有一定的黏结度，不致造成大量掉卵，可提高虾苗产量。

（7）抱卵虾孵化。孵化池一般为水泥池，面积在 $20m^2$ 左右，池深 1.5~1.8m。为了达到无公害标准抱卵虾放养前，苗种培育池必须清塘消毒，可用十万分之三的高锰酸钾溶液消毒。消毒要彻底，不留死角，除了池壁、池底都要刷洗到外，增氧设备也要重点清洗消毒，消毒完成后还要用清水冲净才能使用。抱卵虾放养量为每 $20m^2$ 孵化池，放养 1.5~3kg，根据虾卵的颜色，选择胚胎发育期相近的抱卵虾放入同一池中孵化；虾孵化过程中，需每天清晨换水 5~10cm，保持水质清新，从孵化开始的 10~15 天内，每 $20m^2$ 孵化池施腐熟的无污染有机肥 3~9kg。抱卵虾入池 25 天左右，幼虾已基本孵出，这时就可以捕出亲虾了。

3. 苗种培育 虾卵孵出后就进入了苗种培育阶段。

（1）幼体密度。这个时期幼体密度不能太大，苗种池培育幼体的放养密度应控制在每立方米水体 2 000~6 000 尾。

（2）饲料投喂。当所有的幼体都孵化出来后就要开始投喂饲料了，无公害淡水虾苗的饲喂分两个阶段。第一个阶段是幼体孵出后的前三周，这个时期需及时投喂豆浆，投喂量为每 $20m^2$ 每天投喂豆浆 300g，以后逐步增加到每天 1.2kg。每天 8:00~9:00、下午 16:00~17:00，各投喂 1 次。

第二阶段是幼体孵出 3 周后到出池的这段时间，这个阶段应逐步减少豆浆的投喂量，增加苗种配合饲料的投喂，配合饲料的安全限量应符合中华人民共和国农业部颁布的《无公害食品 渔用配合饲料安全限量》NY 5072—2002 的规定，配合饲料每天投喂量为每 20m² 80～100g，每天 7:00～8:00，17:00～18:00各投喂一次。

（3）施肥。养殖水体施用肥料是补充水体中无机营养的重要技术手段，但施用不当则会造成养殖水体的水质恶化并污染环境，影响无公害淡水虾的生产。因此，在苗种培育期间，要控制施肥的次数和数量，一般每 7～15 天施腐熟的有机肥 1 次。每次施肥量为每 20m² 孵化池施 1.5～3kg。同时注入新水 1 次，注水量为 5～10cm。

（4）疏苗。当幼虾生长到 0.8～1cm 时，为保证幼虾的健康生长要及时疏苗，此时的幼虾培育密度应控制在每平方米 1 000 尾以下。

（5）水质要求。虾苗培育池水质要定期测试，透明度控制在 15～30cm，pH 值 7.5～8.5，溶解氧每升 5mg 以上，氨氮低于 0.4mg/L。亚硝基氮 0.02 mg/L 以下，硫化物 0.1mg/L 以下。若 pH 值低于 7.5 时，要适当泼洒生石灰浆，以提高 pH 值，改善水质条件。

（6）虾苗捕捞。经过 15～20 天培育，幼虾体长大于 1.5cm 时，可进行虾苗捕捞，进入无公害商品虾的养殖阶段。虾苗捕捞可用放水集苗捕捞的方法。

（7）虾苗运输。虾苗运输前要准备好运输用水。运输用水必须与幼苗养殖用水的水质相同，这样在运输途中才能保证幼苗的成活率。幼苗的运输一般采用无毒的聚乙烯塑料袋，塑料袋在使用前要检查有无砂眼，防止运输途中漏水造成损失。塑料袋中加入水，将称过重的虾苗倒入袋中，充入氧气。扎紧袋口，就可以装车运输了。

（三）成虾饲养

虾苗放养后就进入了成虾饲养阶段。

1. 放养前准备

虾苗放养前要做一些准备工作，首先是清塘消毒。

（1）清塘消毒。池塘消毒的方法和前面介绍的亲虾池消毒一样。

（2）注水施肥。晒塘完成后就要向池内注水施肥了，虾苗放养前5~7天，池塘注水50~80cm，注水时要检查过滤设施是否完好，以防大型鱼类的进入。注水后，撒施腐熟的有机肥，用量为每1 500~2 500kg，施肥的目的是培育幼虾喜食的轮虫、枝角类和桡足类等浮游生物。

2. 虾苗放养

准备工作都做好后就可以进行放苗了。放苗应选择在7~8月进行。每亩放养虾苗10万~12万尾。

放苗时应注意的事项：一是放养前先取池水试养虾苗，在证实池水对虾苗无不利影响时，才开始正式放养虾苗；二是池水pH值和溶解氧含量都要与育苗池相近；三是放苗时先将盛有虾苗的袋放入池水里浸泡20分钟，使虾苗袋内水温接近池水水温后可以进行放苗了；四是同一养殖池内最好用同一批孵化培育的虾苗，且一次放足；五是要将虾苗放到浅水区的密网上，让它们自行离开，以便清除病死虾和计数。

3. 饲养管理

虾苗放养后就进入了商品虾饲养管理阶段。在商品虾的日常饲喂中，饲料的投喂应遵循"四定"投饲原则，做到定质、定量、定位、定时。

（1）饲料要求。无公害淡水虾的养殖中，应提倡使用配合饲料，配合饲料应无发霉变质、无污染，其安全限量要求符合中华人民共和国农业部颁布的《无公害食品 渔用配合饲料安全限

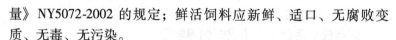

量》NY5072-2002 的规定；鲜活饲料应新鲜、适口、无腐败变质、无毒、无污染。

（2）投喂方法。在饲喂中要掌握科学的投喂方法，每日投 2 次，每天8:00 ~ 9:00、18:00 ~ 19:00 时各 1 次，上午投喂量为日投喂总量的 1/3，余下 2/3 傍晚投喂；饲料一般投喂在离池边 1.5m 的水下，可多点式，也可一线式投喂。

（3）投喂量。饲料的投喂量也要有一定要求。在不同季节，配合饲料的日投喂量也不相同，我们可以根据放苗的时间大致推算出此时虾的体重，再根据虾的体重来决定饲料的投喂量。一般应遵循下边的原则，6 月日投喂量为虾体重的 4%~5%；7 月、8 月、9 月 3 个月日投喂量为虾体重的 5%；10 月日投喂量为虾体重的 5%~4%。实际生产中投喂量还应结合天气、水质、水温、摄食及蜕壳情况等灵活掌握，适当增减投喂量。以虾既能吃饱又不剩料为宜。

（4）水质管理。水质管理也是商品虾无公害生产中的一项重要管理工作。放养后的前一个月为养殖前期，第二个月为养殖中期，两个月后为养殖后期。养殖前期，池水透明度应控制在 25 ~ 30cm，养殖中期，透明度应控制在 30cm，养殖后期，透明度应控制在30 ~ 35cm。每个时期池水水色都应保持黄禄色或黄褐色，pH 值在 7.8 ~ 8.6，溶解氧4mg/L 以上，氨氮 0.5mg/L 以下，亚硝基氮0.02 mg/L 以下，硫化物 0.1mg/L 以下。

施肥调水。施肥可以达到调节水质的目的。一般在养殖前期每 10 ~ 15 天施腐熟的有机肥 1 次，中后期每 15 ~ 20 天施腐熟的有机肥 1 次，每次施肥量为每亩施 50 ~ 100kg。

注换新水。为了调节水质在养殖期间要多次注换新水，一般养殖前期不换水，每 7 ~ 10 天注新水 1 次，每次 10 ~ 20cm；中期每 15 ~ 20 天注换水 1 次，换水量为 15 ~ 20cm；后期每周 1 次，每次换水量为 15 ~ 20cm。

底质调控。由于底质也会对水质产生影响，因此，适时进行底质调控是很有必要的。底质调控的方法一是要适量投饵，减少剩余残饵，二是要定期使用底质改良剂对池塘底质进行调控，一般用量为每亩 3~5kg，每月使用 1~2 次。

泼石灰水。泼石灰水能起到调节池水 pH 值的作用。淡水虾饲养期间，每 15~20 天每亩用生石灰 10kg，化成浆液后全池均匀泼洒。泼石灰水不仅能调节池水的 pH 值，而且还能对池水起到消毒作用。

（5）巡塘。巡塘是养殖中一项重要的管理工作。每天早、晚各巡塘 1 次，观察水色变化，以及虾活动、摄食和蜕壳等情况；检查塘基有无渗漏。发现缺氧，立即开启增氧机或用水泵冲水。

（6）增氧。生长期间，为了保证虾的健康，要对虾池进行增氧。一般每天凌晨和中午各开增氧机 1 次，每次 1~2 小时；雨天或气压低时，延长开机时间 1 小时。

（7）抽查。抽查是了解虾生长情况和及时发现问题的有效途径。每 10~15 天用虾笼抽样 1 次，抽样数量要大于 50 尾，检查虾的生长、摄食情况，检查有无病害，以此作为调整投喂量和药物使用的依据。

4. 病害防治

正确的病害防治方法是生产无公害淡水虾的关键。养殖过程中出现的疾病主要有黑鳃病、软壳病、纤毛虫病、肠炎病、红腿病和红体病。黑鳃病症状为虾鳃组织变黑、鳃丝萎缩糜烂。软壳病症状为虾壳变软，虾因脱壳困难而死亡。纤毛虫病症状为虾的鳃、体表、附肢上出现一层黑色绒状物，病虾呼吸困难。患肠炎病的虾解剖后发现肠道呈黑色，无食物，有的肠壁出现糜烂现象。红腿病症状为附肢变红。红体病症状为病虾不摄食，体表色素扩散，尾、足发红。

对病害的防治首先要认识清楚淡水虾疾病及其特征，对症下药；其次要了解药物的性状和作用，药物对环境的影响以及淡水虾对药物的反应特点合理用药；再有就是为保证淡水虾的无公害品质要控制用药。总之，使用防治药物应符合中华人民共和国农业部颁布的《无公害食品　渔用药物使用准则》NY5071—2002的要求。在无公害淡水虾的疾病治疗中还要考虑到药物的残留应符合国家对无公害水产品的要求，因此，在用药时要注意各种药物的休药期。

5. 捕捞

经过 3～4 个月的饲养，当虾长到 5cm 以上时就可以捕捞了。在成品虾的运输途中为了确保无公害产品的品质，在运输用水中可加入适量的冰块，以减少虾的死亡。

第二节　绿色食品生产技术

一、绿色蔬菜生产技术

绿色食品蔬菜是无污染的安全、优质、营养类蔬菜的统称。按中国绿色食品中心制定的绿色食品蔬菜标准，将产品分为 AA 级绿色食品蔬菜和 A 级绿色食品蔬菜。AA 级系指产地生态环境质量符合国家的环境标准，生产过程中不使用任何化学合成物，生产单位按特定的生产操作规程生产、加工，产品质量及包装经检测、检查符合特定标准，并经专门机构认定、许可，方可使用 AA 级绿色食品蔬菜标志的产品。A 级系指在生态环境质量符合规定标准的产地，生产过程中允许限量使用限定的化学合成物，按特定的生产操作规程生产、加工，产品质量及包装经检测、检查符合特定标准，并经专门机构认定，方可使用 A 级绿色食品蔬菜标志的产品。我们一般都把 A 级绿色食品蔬菜的生产，作为我们的主要目标。绿色食品蔬菜生产首先要由绿色食品的主管部门对生产基地进行评估，主要对蔬菜基地的土壤、灌溉水和大气进行样品采集、测试和评价，由主管部门发给绿色食品蔬菜生产许可证。绿色食品蔬菜生产技术是一个完整的技术体系，要使产品达到绿色食品的标准，就必须按这些技术操作到位，其主要内容归纳如下。

（一）制定绿色食品蔬菜生产技术规程

绿色食品蔬菜的生产必须符合绿色食品的相应要求，每一个生产单位，应该根据要求，制定相应的生产技术规程。这个规程包括生产基地的选择、基地生产环境的保护、具体的生产措施、病虫害综合防治、肥水科学管理、产品的检测以及制定适合本单位具体情况的某一种蔬菜的专项操作规程。制定了规程以后，就应严格按规程操作。

（二）选用优良的蔬菜品种和育苗技术

选用优良的蔬菜品种，是绿色食品蔬菜生产的基础。种子的质量好，品种的抗病性、抗逆性强，不但可以夺取高产，提高蔬菜的质量，而且可以减少农药的使用量。科学育苗是绿色食品蔬菜生产的关键之一。工厂化育苗、电加温线育苗和保护地育苗是目前条件下培育壮苗的必须手段。在育苗之前，必须进行种子消毒。种子消毒的方法主要有以下几种。

1. 热水烫种

将种子投入5倍于种子重量的具有一定温度的热水中浸烫，并不断搅动，使种子受热均匀，待水温降至30℃时停止搅动，转入常规浸种催芽。番茄、辣椒和十字花科蔬菜种子用50～55℃的热水浸烫，可防猝倒病、立枯病、溃疡病、叶霉病、褐纹病、炭疽病、根肿病、菌核病等。黄瓜和茄子种子用75～80℃的热水烫种10分钟，能杀死枯萎病和炭疽病病菌，并使病毒失去活力。西瓜种子用90%的热水烫3分钟，随即放入等量的冷水，使水温立即降至 50～55℃，并不断搅动，待水温降至 30℃时，转入常规浸种催芽，能杀死多种病原物。

2. 干热消毒

将种子置于恒温箱内处理。番茄、辣椒和十字花科蔬菜种子需在 72℃条件下处理 72 小时，茄子和葫芦科的种子需 75℃处理 96 小时。豆科的种子耐热能力差，不能进行干热消毒。此法几乎能杀死种子内所有的病菌，并使病毒失活，但在消毒前一定要将种子晒干，否则会杀死种子。

3. 药剂消毒

即用药剂浸种或拌种，如用 0.1% 多菌灵溶液浸泡瓜类种子 10 分钟，可防枯萎病；浸泡茄果类种子 2 小时，可防黄萎病。如用 10% 的高锰酸钾溶液浸种 20 分钟，可防治茄果类蔬菜的病毒病和溃疡病等。但必须注意，不管用哪种药剂消毒后，都要将种子冲洗干净（拌种除外），方可转入常规浸种催芽或直播。

4. 复方消毒

即热水烫种与药剂消毒相结合，或干热消毒与药剂消毒相结合。如黄瓜、番茄用热水烫种后，再在 500g 浸种水中加 50% 多菌灵浸种 1 小时，可防治黄瓜枯萎病、蔓枯病、炭疽病、菌核病，番茄灰霉病、叶霉病、斑枯病；将热水烫过的茄子种子再放到 0.2% 的高锰酸钾溶液中浸 20 分钟，对黄萎病、病毒病、绵疫病和褐纹病有良好防效。将干热消毒后的种子再用磷酸三钠消毒，其杀菌效果更好。在做好种子消毒工作后，春季育苗要做好苗床的温光控制，力争秧苗在保暖的基础上多照光，天气晴好和秧苗适应时要揭去小环棚薄膜，增强秧苗的光合作用。要以"六防"即防徒长、防老僵、防发病、防冻害、防风伤、防热害为中心，加强苗床管理。夏季育苗要注意覆盖遮阳网，它可以遮强光，降高温，保湿度，还可以防暴雨冲刷，提高出苗率和成苗率。夏季育苗的水分管理应注意"三凉"即凉地、凉苗、凉时浇灌，这样有利于秧苗健壮生长。

（三）病虫害的科学防治技术

绿色食品蔬菜生产的关键技术是病虫害的综合防治。病虫害综合防治技术主要有以下几种。

1. 农业防治

利用农业生产过程中各种技术措施和作物生长发育的各个环节，有目的地创造有利于作物生长发育的特定生态条件和农田小气候，创造不利于病虫生长繁殖的条件，以控制和减少病虫对作物生长造成的为害。主要措施有轮作，把根菜、叶菜、果菜类蔬菜合理地组合种植，以充分利用土壤肥力，改良土壤，并直接影响土壤中寄生生物的活动。蔬菜轮作首先要考虑在哪些蔬菜之间进行轮作。如黄瓜枯萎病的轮枝菌的寄主范围较广，若选择茄科的马铃薯或茄子轮作，病害会越来越重，因为他们都是轮枝菌的寄主。

2. 物理防治技术

病虫害的物理防治技术在绿色食品蔬菜生产中的应用前景会越来越好。①在高温季节进行土壤消毒。夏季高温期间，在大棚两茬作物间隙进行灌水，然后在畦上覆盖塑料薄膜，进行高温消毒。既杀灭了病虫，又减缓了大棚内的土壤次生盐渍的进程，是一项既省钱省力，又十分有效的措施。②安装频振式杀虫灯杀虫。频振式杀虫灯是近几年推广的集光波与频振技术于一体的物理杀虫仪器，据上海市蔬菜科学技术推广站 2002 年的应用结果证明，它的杀虫谱广，种类达 26 种，其中，有鳞翅目的小菜蛾、斜纹夜蛾、银纹夜蛾、甘蓝夜蛾、甜菜夜蛾、玉米螟；鞘翅目的金龟子、猿叶甲；同翅目的蚜虫；直翅目的油葫芦、蟋蟀等。在 5~10 月的 6 个月中，平均每盏灯的捕虫量在 1 000g 左右。每盏灯一般可控制 1~2hm^2 菜田，挂灯高度在 100~120cm，挂灯时间依各地的天气而定，一般在 4~11 月。实践表明，挂杀虫灯的菜田不但减少了虫害，降低了虫口密度，而且还少用了农药。③利用防虫网防虫。在夏秋季节的绿色食品蔬菜生产中，实施以防虫网全程覆盖为主体的防虫措施十分有效，能有效防治小菜蛾、斜纹夜蛾、菜甜菜夜蛾、菜青虫、蚜虫等多种虫害。但防虫网覆盖栽培应注意选择20目左右的网，过密则通风情况不好；其次要注意在盖网之前对地块进行消毒和清洁田园；第三是覆盖要密封。④利用趋性灭虫。如用糖液诱集黏虫、甜菜夜蛾；用杨树枝诱杀棉铃虫、小菜蛾等。方法是把糖液钵按一定的距离放于菜田中，每10~15天换1次糖液。在田间放一定数量的杨树枝，诱使棉铃虫在上面产卵，然后把有锦铃虫卵的杨树枝清除、烧掉，以达到灭虫效果。另外，利用黄板诱杀黄色趋性的蚜虫、温室白粉虱、美洲斑潜蝇等；利用银灰膜避蚜等都有较好的功效。

3. 生物防治技术

生物防治技术可以取代部分化学农药，不污染蔬菜与环境。如利用赤眼蜂防治棉铃虫、菜青虫，利用丽蚜小蜂防治温室白粉虱，利用烟蚜茧蜂防治桃蚜、棉蚜等。又如利用苏云金杆菌（Bt）防治菜青虫、小菜蛾，用武夷菌素（BH-10）水剂防治瓜类白粉病。另外，可利用生物农药如百草一号、苦参碱、烟碱等防治菜青虫、小菜蛾、蚜虫、粉虱、红蜘蛛等，效果比较明显。

4. 化学防治技术

在绿色食品蔬菜生产中，重点是正确掌握病虫害的化学防治技术。应该在病虫测报的基础上，选择高效、低毒、低残留的化学农药，如安打、米满、抑太保、锐劲特等。使用时必须严格掌握浓度和使用量，掌握农药的安全间隔期，实行农药的交替使用。特别要注意对症下药，适期防治，以达到用药少，防效好的目的。

（四）合理的施肥技术

在绿色食品蔬菜生产中，要增施有机肥，控制化肥，特别是氮化肥的使用量，化肥应与有机肥配合使用，化肥应该深施。叶菜类在收获前 10～15 天停止追肥，特别是氮化肥。有机肥应进行无公害处理，必须经充分堆制、沤制的腐熟有机肥才可使用；要根据有机肥的特性进行施肥，如堆肥、厩肥适用各种土壤和作物，而秸秆类肥料一般含碳氮比较高，在秸秆还田时必须同时使用适量高氮的肥料如尿素、人畜粪等，以降低碳氮比，加速腐熟。要根据作物的生长规律施肥。如叶菜类全生育期需氮较多，生长盛期需适量磷、钾肥；果菜类在幼苗期需氮较多，而进入生殖生长期则需磷较多而氮的吸收量略减。要根据绿色食品蔬菜生产的特点，结合土壤肥力状况进行施肥。

（五）科学而严格的管理

绿色食品蔬菜生产必须有一套科学而严格的管理制度，以确保每个环节都按照制定的技术规程来操作。要建立以单位或基地负责人为首的，由技术负责人、质量检验员、田间档案记录员等参加的生产质量检查工作班子，并有明确的分工，做到职责明确，分头把关，对绿色食品蔬菜生产过程进行严格管理，全程控制，这是绿色食品生产中关键的关键。

二、绿色食品花生生产栽培技术

（一）种子选择及处理

根据生产和种源条件，选用优质、高产、抗逆性强的中晚熟大花生品种。种子纯度大于 98%，净度大于 99%，发芽率大于95%，含水量低于 13%。播种前 15 天将带壳的花生种日晒 2～3天后，手扒去壳，选择大小均匀一致，籽粒饱满的种仁备播，播前 10 天进行一次发芽试验。

（二）整地

冬前或早春机耕 25cm 以上，耕匀，及时耙耢。起垄在 4 月下旬，实行机械起垄，垄距 85～90cm，垄高 12cm，垄面宽 55～

60cm，垄沟宽 30cm。

（三）施肥

冬前或早春随机耕每亩铺施有机肥 2 000kg，N、P、K 含量分别为 7%、8%、10% 的复混肥 80kg。花生播种时随花生播种机每亩跟施 N、P、K 含量分别为 7%、8%、10% 的复混肥 20kg，要注意肥种隔离。

（四）播种

4 月中旬至下旬，有墒抢墒，无墒造墒，实行机械播种。双行距 85 ~ 90cm，墩距 15 ~ 18cm，每亩播种 8 700 ~ 9 800 墩，每墩 2 ~ 3 粒种子。播种方式为机播。起垄、跟施种肥、播种、除草、覆膜一条龙机械作业。播种时每亩用 40% 连封乳油 250 ~ 300mL，对水 100kg，随播种机均匀喷施除草。选用厚度 0.004mm，宽 900mm 的聚乙烯地膜，随播种机覆盖，要拉紧盖严。

（五）田间管理

花生幼苗顶膜时，及时将地膜开孔引花生苗出膜。引苗时间在 8:00 前。花生出苗后及时检查出苗情况，如有缺苗现象用催好芽的种子坐水补种。当花生叶片连续 3 天中午出现萎蔫，要进行浇水，浇水方法为喷灌，每亩浇水量 30m³。

（六）病虫害防治

1. 蚜虫

每百墩花生有蚜虫 1 000 头时，每亩用 5% 辟蚜雾可湿性粉剂 10 ~ 15g 对水 40 ~ 50kg，全株均匀喷雾防治。

2. 棉铃虫

每百墩有二龄前的棉铃虫 40 头时，用 BT 可湿性粉剂 400 ~ 500 倍液均匀喷雾，亩喷药液 50 ~ 75kg，或每亩用 25% 灭幼脲 3 号 30 ~ 40g 对水 50kg，全株喷雾。

3. 叶斑病

花生叶斑病在发病初期每亩喷 0.2 度石硫合剂药液 50kg；当病叶率达到 10% 时，用 2% 农抗 120 水剂 150 倍液或 10% 宝丽安可湿性粉剂 1 000 倍液，每亩喷药液 50~70kg，每隔 7~10 天喷一次，连喷 2~3 次。

4. 禁止使用的化学农药

无机砷杀虫剂、有机砷杀菌剂、有机锡杀菌剂、有机汞杀菌剂、氟制剂、有机氯杀虫剂、有机有氯杀螨剂、卤化烷类熏蒸杀虫剂、有机磷杀虫剂、有机磷杀菌剂、氨基甲酸酯杀虫剂、二甲基甲脒杀虫杀螨剂、拟除虫菊酯类杀虫剂、取代苯类杀虫剂、植物生长调节剂、二苯醚类除草剂。

（七）适时收获

收获时间一般在 9 月上旬，花生成熟期收获。收获时先将田间的残膜捡起来，然后镢刨、提蔓、抖土、摘果，做到无残果、无碎果。花生收获后要单运，及时日晒，当水分降到 13% 以下时扬净入库贮藏，以备销售、加工或做种。

第三节 有机食品生产技术规程

一、有机茶生产技术规程

（一）有机茶生产基地规划与建设

1. 基地规划

有机茶生产基地应按有机茶产地环境条件的要求进行选择。基地规划应有利于保持水土，保护和增进茶园及其周围环境的生物多样性，维护茶园生态平衡，发挥茶树良种的优良种性，便于茶园排灌、机械作业和田间日常作业，促进茶叶生产的可持续发展。根据茶园基地的地形、地貌，合理设置场部（茶厂）、种茶区（块）、道路、排蓄灌水利系统，以及防护林带、绿肥种植区和养殖业区等。新建基地时，对坡度大于25°，土壤深度小于60cm，以及不宜种植茶树的区域应保留自然植被。对于面积较大且集中连片的基地，每隔一定面积应保留或设置一些林地。

2. 道路和水利系统

设置合理的道路系统，连接场部、茶厂、茶园和场外交通，提高土地利用率和劳动生产率。建立完善的排灌系统，做到能蓄能排。有条件的茶园建立节水灌溉系统。茶园与四周荒山陡坡、林地和农田交界处应设置隔离沟、带；梯地茶园在每台梯地的内侧开一条横沟。

3. 茶园开垦

茶园开垦应注意水土保持，根据不同坡度和地形，选择适宜的时期、方法和施工技术。坡度15°以下的缓坡地等高开垦；坡度在15°以上的，建筑等高梯级园地。开垦深度在60cm以上，破除土壤中硬塥层、网纹层和犁底层等障碍层。

4. 茶树品种与种植

品种应适应当地气候、土壤和茶类，并对当地主要病虫害有较强的抗性。加强不同遗传特性品种的搭配。种子和苗木应来自有机农业生产系统，但在有机生产的初始阶段无法得到认证的有机种子和苗木时，可使用未经禁用物质处理的常规种子与苗木。种苗质量应符合国家标准中的1级、2级标准。禁止使用基因工程繁育的种子和苗木。采用单行或双行条栽方式种植，坡地茶园等高种植。种植前施足有机底肥，深度为30~40cm。

5. 茶园生态建设

茶园四周和茶园内不适合种茶的空地应植树造林，茶园的上风口应营造防护林。主要道路、沟渠两边种植行道树，梯壁坎边种草。低纬度低海拔茶区集中连片的茶园可因地制宜种植遮阳树，遮光率控制在20%~30%。对缺丛断行严重、密度较低的茶园，通过补植缺株，合理剪、采、养等措施提高茶园覆盖率。对坡度过大、水土流失严重的茶园应退茶还林或还草。

重视生产基地病虫草害天敌等生物及其栖息地的保护，增进生物多样性。

建设茶园时应考虑隔 2~3 hm² 茶园设立一个地头积肥坑。并提倡建立绿肥种植区。尽可能为茶园提供有机肥源。

制定和实施有针对性的土壤培肥计划，病、虫、草害防治计划和生态改善计划等。建立完善的农事活动档案，包括生产过程中肥料、农药的使用和其他栽培管理措施。

（二）土壤管理和施肥

1. 土壤管理

定期监测土壤肥力水平和重金属元素含量，一般要求每2年检测一次。根据检测结果，有针对性地采取土壤改良措施。采用地面覆盖等措施提高茶园的保土蓄水能力。将修剪枝叶和未结籽的杂草作为覆盖物，外来覆盖材料如作物秸秆等应未受有害或有毒物质的污染。采取合理耕作、多施有机肥等方法改良土壤结构。耕作时应考虑当地降水条件，防止水土流失。对土壤深厚、松软、肥沃，树冠覆盖度大，病虫草害少的茶园可实行减耕或免耕。提倡放养蚯蚓和使用有益微生物等生物措施改善土壤的理化和生物性状，但微生物不能是基因工程产品。行距较宽、幼龄或台刈改造的茶园，优先间作豆科绿肥，以培肥土壤和防止水土流失，但间作的绿肥或作物必须按有机农业生产方式栽培。土壤pH 值低于 4.5 的茶园施用白云石粉等矿物质，而 pH 值高于 6.0 的茶园可使用硫黄粉调节土壤 pH 值至 4.5~6.0 的适宜范围。土壤相对含水量低于70%时，茶园宜节水灌溉。灌溉用水符合国家标准的要求。

2. 科学施肥

（1）肥料种类。有机肥，指无公害化处理的堆肥、沤肥、厩肥、沼气肥、绿肥、饼肥及有机茶专用肥。但有机肥料的污染物质含量应符合下表的规定，并经有机认证机构的认证。

矿物源肥料、微量元素肥料和微生物肥料，只能作为培肥土壤的辅助材料。微量元素肥料在确认茶树有潜在缺素危险时作叶面肥喷施。微生物肥料应是非基因工程产物，并符合国家相关标准的要求。

土壤培肥过程中允许和限制使用的物质见本章附录A。

禁止使用化学肥料和含有毒、有害物质的城市垃圾、污泥和其他物质等。

（2）施肥方法。基肥一般每亩施农家有机肥1 000～2 000kg，或施用有机肥200～400kg，必要时配施一定数量的矿物源肥料和微生物肥料，于当年秋季开沟深施，施肥深度20cm以上。追肥可结合茶树生育规律进行多次，采用腐熟后的有机液肥，在根际浇施；或每亩每次施商品有机肥100kg左右，在茶叶开采前30～40天开沟施入，沟深10cm左右，施后覆土。叶面肥根据茶树生长情况合理使用，但使用的叶面肥必须在农业部登记注册并获得有机认证机构的认证。叶面肥料在茶叶采摘前10天停止使用。

商品有机肥料污染物质允许含量表　　　　单位：mg/kg

项目	浓度限值
砷≤	30
汞≤	5
镉≤	3
铬≤	70
铅≤	60
铜≤	250
六六六≤	0.2
滴滴涕≤	0.2

（三）病、虫、草害防治

遵循防重于治的原则，从整个茶园生态系统出发，以农业防治为基础，综合运用物理防治和生物防治措施，创造不利于病虫草滋生而有利于各类天敌繁衍的环境条件，增进生物多样性，保持茶园生物平衡，减少各类病虫草害所造成的损失。

1. 农业防治

换种改植或发展新茶园时，选用对当地主要病虫抗性较强的品种。分批多次采茶，采除假眼小绿叶蝉、茶橙瘿螨、茶白星病等为害芽叶的病虫，抑制其种群发展。通过修剪，剪除分布在茶丛中上部的病虫。秋末结合施基肥，进行茶园深耕，减少土壤中越冬的鳞翅目和象甲类害虫的数量。将茶树根际落叶和表土清理至行间深埋，防治叶病和在表土中越冬的害虫。

2. 物理防治

采用人工捕杀，减轻茶毛虫、茶蚕、蓑蛾类、卷叶蛾类、茶丽纹象甲等害虫的为害。

利用害虫的趋性，进行灯光诱杀、色板诱杀、性诱杀或糖醋诱杀。

3. 采用机械或人工方法防除杂草

4. 生物防治

保护和利用当地茶园中的草蛉、瓢虫和寄生蜂等天敌昆虫，以及蜘蛛、捕食螨、蛙类、蜥蜴和鸟类等有益生物，减少人为因素对天敌的伤害。允许有条件地使用生物源农药，如微生物源农药、植物源农药和动物源农药。

5. 农药使用原则

禁止使用和混配化学合成的杀虫剂、杀菌剂、杀螨剂、除草剂和植物生长调节剂。植物源农药宜在病虫害大量发生时使用。矿物源农药应严格控制在非采茶季节使用。

从国外或外地引种时，必须进行植物检疫，不得将当地尚未发生的危险性病虫草随种子或苗木带入。

有机茶园主要病虫害及防治方法见本章附录 B。

有机茶园病虫害防治允许、限制使用的物质与方法见本章附录 C。

（四）茶树修剪与采摘

1. 茶树修剪

根据茶树的树龄、长势和修剪目的分别采用定型修剪、轻修剪、深修剪、重修剪和台刈等方法，培养优化型树冠，复壮树势。覆盖度较大的茶园，每年进行茶树边缘修剪，保持茶行间20cm 左右的间隙，以利田间作业和通风透光，减少病虫害发生。修剪枝叶应留在茶园内，以利于培肥土壤。病虫枝条和粗干枝清除出园，病虫枝待寄生蜂等天敌逸出后再行销毁。

2. 采摘

应根据茶树生长特性和成品茶对加工原料的要求，遵循采留结合、量质兼顾和因树制宜的原则，按标准适时采摘。手工采茶宜采用提手采，保持芽叶完整、新鲜、匀净，不夹带鳞片、茶果与老枝叶。

发芽整齐，生长势强，采摘面平整的茶园提倡机采。采茶机应使用无铅汽油，防止汽油、机油污染茶叶、茶树和土壤。采用清洁、通风性良好的竹编网眼茶篮或篓筐盛装鲜叶。采下的茶叶应及时运抵茶厂，防止鲜叶变质和混入有毒、有害物质。

采摘的鲜叶应有合理的标签，注明品种、产地、采摘时间及操作方式。

（五）转换

常规茶园成为有机茶园需要经过转换。生产者在转换期间必须完全按本生产技术规程的要求进行管理和操作。茶园的转换期一般为3 年。但某些已经在按本生产技术规程管理或种植的茶园，或荒芜的茶园，如能提供真实的书面证明材料和生产技术档案，则可以缩短甚至免除转换期。

已认证的有机茶园一旦改为常规生产方式，则需要经过转换才有可能重新获得有机认证。

（六）有机茶园判别

茶园的生态环境达到有机茶产地环境条件的要求。

茶园管理达到有机茶生产技术规程的要求。

由认证机构根据标准和程序判别。

附录A 有机茶园允许和限制使用的土壤培肥和改良物质

类 别	名 称	使用条件
有机农业体系生产的物质	农家肥	允许使用
	茶树修剪枝叶	允许使用
	绿肥	允许使用
非有机农业体系生产的物质	茶树修剪枝叶、绿肥和作物秸秆	限制使用
	农家肥（包括堆肥、沤肥、厩肥、沼气肥、家畜粪尿等）	限制使用
	饼肥（包括菜籽饼、豆籽饼、棉籽饼、芝麻饼、花生饼等）	未经化学方法加工的允许使用
	充分腐熟的人粪尿	只能用于浇施茶树根部，不能用作叶面肥
	未经化学处理木材产生的木料、树皮、锯屑、刨花、木灰和木炭等	限制使用
	海草及其用物理方法生产的产品	限制使用
	未掺杂防腐剂的动物血、肉、骨头和皮毛	限制使用
	不含合成添加剂的食品工业副产品	限制使用
	鱼粉、骨粉	限制使用
	不含合成添加剂的泥炭、褐炭、风化煤等含腐殖酸类的物质	允许使用
	经有机认证机构认证的有机茶专用肥	允许使用

类　别	名　称	使用条件
矿物质	白云石粉、石灰石和白垩	用于严重酸化的土壤
	碱性炉渣	限制使用，只能用于严重酸化的土壤
	低氯钾矿粉	未经化学方法浓缩的允许使用
	微量元素	限制使用，只作叶面肥使用
	天然硫黄粉	允许使用
	镁矿粉	允许使用
	氯化钙、石膏	允许使用
	窑灰	限制使用，只能用于严重酸化的土壤
	磷矿粉	镉含量不大于 90 mg/kg 的允许使用
	泻盐类（含水硫酸岩）	允许使用
	硼酸岩	允许使用
其他物质	非基因工程生产的微生物肥料（固氮菌、根瘤菌、磷细菌和硅酸盐菌肥料等）	允许使用
	经农业部记和有机认证的叶面肥	允许使用
	未污染的植物制品及其提取物	允许使用

附录 B　有机茶园主要病虫害及其防治方法

病虫害名称	防治时期	防治措施
假眼小绿叶蝉	5~6 月，8~9 月若虫盛发期，百叶虫口：夏茶 5~6 头、秋茶 >10 头时施药防治	1. 分批多次采茶，发生严重时可机采或轻修剪 2. 湿度大的天气，喷施白僵菌制剂 3. 秋末采用石硫合剂封园 4. 可喷施植物源农药：鱼藤酮、清源保
茶毛虫	各地代数不一，防治时期有异。一般在 5~6 月中旬，8~9 月。幼虫 3 龄前施药	1. 人工摘除越冬卵块或人工摘除群集的虫叶；结合清园、中耕消灭茧蛹；灯光诱杀成虫 2. 幼虫期喷施茶毛虫病毒制剂； 3. 喷施 Bt 制剂；或喷施植物源农药：鱼藤酮、清源保

（续表）

病虫害名称	防治时期	防治措施
茶尺蠖	年发生代数多，以第3代、4代、5代（6~8月下旬）发生严重，每平方米幼虫数＞7头即应防治	1. 组织人工挖蛹，或结合冬耕施基肥深埋虫蛹 2. 灯光诱杀成虫 3. 1~2龄幼虫期喷施茶尺蠖病毒制剂 4. 喷施Bt制剂；或喷施植物源农药：鱼藤酮、清源保
茶橙瘿螨	5月中下旬、8~9月发现个别枝条有为害状的点片发生时，即应施药	1. 勤采春茶 2. 发生严重的茶园，可喷施矿物源农药：石硫合剂、矿物油
茶丽纹象甲	5~6月下旬，成虫盛发期	1. 结合茶园中耕与冬耕施基肥，消灭虫蛹 2. 利用成虫假死性人工振落捕杀 3. 幼虫期土施白僵菌制剂或成虫期喷施白僵菌制剂
黑刺粉虱	江南茶区5月中下旬，7月上旬，9月下旬至10月上旬	1. 及时疏枝清园、中耕除草，使茶园通风透光 2. 湿度大的天气喷施粉虱真菌制剂 3. 喷施石硫合剂封园
茶饼病	春、秋季发病期，5天中有3天上午日照＜3小时，或降水量2.5~5mm 芽梢发病率＞35%	1. 秋季结合深耕施肥，将根际枯枝叶深埋土中 2. 喷施多抗霉素 3. 喷施波尔多液

附录 C 有机茶园病虫害防治允许和限制使用的物质与方法

种类		名称	使用条件
生物源农药	微生物源农药	多抗霉素（多氧霉素）	限量使用
		浏阳霉素	限量使用
		华光霉素	限量使用
		春雷霉素	限量使用
		白僵菌	限量使用
		绿僵菌	限量使用
		苏云金杆菌	限量使用
		核型多角体病毒	限量使用
		颗粒体病毒	限量使用

种类		名称	使用条件
生物源农药	动物源农药	性信息素	限量使用
		利它素	限量使用
		寄生性天敌动物，如赤眼蜂、昆虫病原线虫	限量使用
		捕食性天敌动物，如瓢虫、捕食螨、天敌蜘蛛	限量使用
	植物源农药	苦参碱	限量使用
		鱼藤酮	限量使用
		除虫菊素	限量使用
		印楝素	限量使用
		苦楝	限量使用
		川楝素	限量使用
		植物油	限量使用
		烟叶水	只限于非采茶季节
	矿物源农药	石硫合剂	非生产季节使用
		硫悬浮剂	非生产季节使用
		可湿性硫	非生产季节使用
		硫酸铜	非生产季节使用
		石灰半量式波尔多液	非生产季节使用
		石油乳油	非生产季节使用
	其他物质和方法	二氧化碳	允许使用
		明胶	允许使用
		糖醋	允许使用
		卵磷脂	允许使用
		蚁酸	允许使用
		软皂	允许使用
		热法消毒	允许使用
		机械诱捕	允许使用
		灯光诱捕	允许使用
		色板诱杀	允许使用
		漂白粉	限制使用
		生石灰	限制使用
		硅藻土	限制使用

二、有机蔬菜生产技术规程

有机蔬菜生产过程中不使用化学合成农药、化肥、除草剂和生长调节剂等物质以及基因工程生物及其产物，遵循自然规律和生态学原理，采取一系列可持续发展的农业技术，协调种植平衡，维持农业生态系统持续稳定，且经过有机认证机构鉴定认可并颁发有机证书。

（一）有机蔬菜基地基本要求

1. 基地选择

基地是有机蔬菜生产的基础，其生态环境条件是影响产品质量的重要因素之一。有机蔬菜基地的土地应是完整的地块，其间不能夹有进行常规生产的地块，但允许夹有有机转换地块；有机蔬菜基地与常规地块交界处必须有明显标记，如河流、山丘、人为设置的隔离带等。

基地的环境条件主要包括大气、水和土壤等。虽然目前有机农业还没有一整套对环境条件的要求和环境因子的质量评价体系，但作为有机产品生产基地应选择空气清洁、水质纯净、土壤未受污染、具有良好生态环境的地区，其环境因子指标应达到国家土壤质量标准、灌溉水质量标准和大气质量标准等。避免在废水污染和固体废弃物周围 2～5m 范围内进行有机蔬菜生产。

2. 转换期

由常规生产系统向有机生产转换通常需 2 年时间，其后播种的蔬菜收获后才可作为有机产品；多年生蔬菜在收获之前需经过 3 年转换时间才能作为有机产品。转换期的开始时间从向认证机构申请认证之日起计算，生产者在转换期间必须完全按有机生产要求操作。经 1 年有机转换后的田块中生长的蔬菜，可作为有机转换产品销售。

（二）有机蔬菜栽培管理

1. 品种选择

应使用有机蔬菜种子和种苗。在得不到认证的有机种子和种苗的情况下（如在有机种植的初始阶段），可使用未经禁用物质处理的常规种子。应选择适应当地土壤和气候特点，对病虫害有抗性的蔬菜种类及品种，在品种选择中要充分考虑保护作物遗传多样性。禁止使用包衣种子和转基因种子。

2. 种子处理技术

种子消毒是预防蔬菜病虫经济有效的方法，可应用天然物质消毒和温汤浸种技术。天然物质消毒可采用高锰酸钾 300 倍液浸泡 2 小时、木醋液 200 倍液浸泡 3 小时、石灰水 100 倍液浸泡 1 小时或硫酸铜 100 倍液浸泡 1 小时。天然物质消毒后温汤浸种 4 小时。

3. 土壤和棚室消毒

对于进行预期轮作仍然存在问题的菜地，选用物理的或天然物质进行土壤消毒。土壤消毒物质可采用 3～5 度石硫合剂、晶体石硫合剂 100 倍液、生石灰 3 715kg/hm^2、高锰酸钾 100 倍液或木醋液 50 倍液。苗床消毒可在播种前 3～5 天，用木醋液 50 倍液进行苗床喷洒，盖地膜或塑料薄膜密闭；或用硫黄（0.15kg/m^2）与基质混合，盖塑料薄膜密封。

4. 轮作换茬和清洁

田园有机蔬菜生产基地应采用包括豆科作物或绿肥在内的至少 3 种作物进行轮作。1 年只能生长一茬蔬菜的地区，允许采用包括豆科作物在内的 2 种作物轮作。前茬蔬菜腾茬后，彻底打扫和清洁，将病残体全部运出基地销毁或深埋，以减少病害基数。

（三）有机蔬菜肥料使用技术

1. 允许使用的肥料种类

生产有机蔬菜允许使用有机肥料（包括动植物的粪便和残

体，植物沤制肥、绿肥、草木灰和饼肥等，通过有机认证的有机专用肥和部分微生物肥料）和部分矿物质（包括钾矿粉、磷矿粉和氯化钙等物质）。

2. 肥料使用方法

肥料使用应做到种菜与培肥地力同步进行。使用动物肥和植物肥数量以 1：1 为宜。每种蔬菜一般底施有机肥 45～60t/hm²，追施有机专用肥 1 500kg/hm²。要施足底肥，将施肥总量的 80% 用作底肥，结合整地将肥料均匀混入耕作层内，以利根系吸收。同时要巧施追肥。对于种植密度大、根系浅的蔬菜可采用铺肥追肥方式，即当蔬菜长至 3～4 片叶时，将肥料晾干制细，均匀撒到菜地内，并及时浇水；对于种植行距较大、根系较集中的蔬菜，可开沟条施追肥，注意开沟时不要伤断根系，将肥料撒入沟内，用土盖好后及时浇水；对于种植行株距大的蔬菜，可采用开穴追肥方式。

（四）有机蔬菜病虫草害防治技术

有机蔬菜在生产过程中禁止使用所有化学合成农药，禁止使用由基因工程技术生产的产品。有机蔬菜病虫草害防治要坚持"预防为主，防治结合"的原则。通过选用抗病品种、高温消毒、合理肥水管理、轮作、多样化间作套种、保护天敌等农业措施和物理措施综合防治病虫草害。

1. 病害防治

可使用石灰、硫黄和波尔多液防治蔬菜多种病害。允许有限制性地使用含铜材料，如氢氧化铜、硫酸铜等杀真菌剂来防治蔬菜真菌性病害。可用抑制作物真菌病害的软皂、植物制剂或醋等物质防治蔬菜真菌性病害。高锰酸钾是一种很好的杀菌剂，能防治多种病害。允许使用微生物及其发酵产品防治蔬菜病害。

2. 虫害防治

提倡通过释放寄生性捕食性天敌动物（如赤眼蜂、瓢虫和捕食螨等）来防治虫害。允许使用软皂、植物性杀虫剂或当地生长的植物提取剂等防治虫害。可在诱捕器和散发器皿中使用性诱剂，允许使用视觉性（黄粘板）和物理性捕虫设施（如防虫网）防治虫害。可以有限制地使用鱼藤酮、植物来源的除虫菊酯、乳化植物油和硅藻土杀虫。允许有限制地使用微生物及其制剂，如杀螟杆菌、Bt 制剂等。

3. 杂草控制

通过采用限制杂草生长发育的栽培技术（如轮作、绿肥和休耕等）控制杂草。提倡使用秸秆覆盖除草。允许采用机械和电热除草。禁止使用基因工程产品和化学除草剂除草。

三、有机葡萄生产技术规程

（一）园地选择与规划

1. 园地要求

园区应地形开阔、阳光充足、通风良好、排灌水良好，应远离城区、工矿区、交通主干线、工业污染源、生活垃圾场等，其生态环境必须符合：土壤环境质量符合 GB15618—1995 中的二级标准，pH 值以 6.5～7.5 为宜且土质较疏松；灌溉用水水质符合 GB5084 的规定，环境空气质量符合 GB3095—1996 中二级标准和 GB9137 的规定。

2. 规划

葡萄生产区域应边界清晰，并建立以田间道路、天敌栖息地、大棚或其他农业生产等为基础的缓冲带，同时尽可能避免有机生产、有机转换生产和非有机生产并存，如出现平行生产，则必须制订和实施平行生产、收获、储藏和运输的计划，具有独立和完整的记录体系，能明确区分有机产品与常规产品（或有机转换产品）。

（二）栽培方式

宜采取避雨栽培方式，架式可结合避雨栽培条件选用双十字"V"形架、飞"鸟"形小棚架或平棚架。在使用塑料薄膜时，只允许选择聚乙烯、聚丙烯或聚碳酸酯类产品，并且使用后应从土壤中及时清除，禁止焚烧，禁止使用聚氯类产品。

有机葡萄的植株管理同常规葡萄生产，如根据品种特性、架式特点、树龄、产量等确定结果母枝的剪留强度及更新方式，进行合理的冬季修剪；在葡萄生长季节，采用抹芽、定枝、新梢摘心、副梢处理等夏季修剪措施对树体进行整形控制，增强通风透光，以减轻病害发生。为提高果实品质，在果实成熟期前 20 ~ 30 天，可以对葡萄进行环割，环割宽度一般在 3 ~ 5mm。

采用疏花、疏果、疏穗、疏粒等常规方式对葡萄果穗进行处理，以控制产量、提高果实的品质。进入盛果期的葡萄园，亩产一般控制在 1 250kg 以内。需要特别强调的是，禁止使用任何激素如赤霉素、CPPU 等对果穗进行拉长或膨大处理。

（三）土、肥、水管理

1. 土壤管理

葡萄生长季节及时中耕松土，保持土壤疏松，松土深度10 ~ 20cm；每年果实采收后结合秋施基肥进行全园深翻，将栽植穴外的土壤全部深翻，深度 30 ~ 40cm。

有机葡萄园应提倡生草覆草技术，这样既有利于保墒和保持土壤肥力，减轻日灼、气灼等生理病害的发生，又体现了生物多样性，为天敌提供了良好的栖息地。有机葡萄园区进行生草时，一方面可以直接利用葡萄园区的草资源，对高秆杂草加强管理，使其不影响葡萄的生长；另一方面可以在 4 月前后，在葡萄行间种植不含转基因的白三叶草（应使用经过认证过的有机草种）。覆草时间一般在 7 月前后，将其刈割后覆盖在树根周围。

2. 施肥管理

生产前期可购买认证过的有机肥；持续有机葡萄生产园区应制定土壤有机培肥计划，如在自身葡萄生产园区，结合"园区生草–养殖业（养鸡、鸭、羊）"等进行绿肥或堆肥。绝对不能使用化学肥料、不能使用含有转基因的物质如转基因豆粕或经任何化学处理过的物质作为肥料，限制使用人粪尿，必须使用时，应当按照相关要求进行充分腐熟和无害化处理。

补充钾肥可用草木灰，补充磷肥可使用高细度、未经化学处理的磷矿粉。在施用磷矿粉时应与农家肥经充分混合堆制后使用。

在生长季节培肥的基础上，以施基肥为主，秋季施入，每亩施入 1 000 ~ 1 500 kg 有机肥。双十字"V"形架、飞"鸟"形小棚架栽培采用沟施，在行间挖条状沟；平棚架栽培在树冠外围挖放射状沟或环状沟，沟深 30 ~ 40 cm。

3. 水分管理

补水时期一是萌芽到开花期，当土壤湿度低于田间持水量的 65% ~ 75% 时；二是新梢生长期至果实膨大期，当土壤湿度低于田间持水量的 75% 时；三是果实迅速膨大期，以及新梢成熟期，当土壤湿度低于田间持水量的 60% 时；四是果实发育后期傍晚或清晨，土壤湿度低于田间持水量的 70 ~ 80% 时，少量补水。

补水方法以采用滴灌法为宜。水质在符合 GB5084 规定的基础上，应加强有机葡萄生产周边水质的监控，以免由于水质受污染而影响有机葡萄生产。

进入雨期，土壤湿度超过田间持水量的 85% 时，通过畦沟、排水沟、出水沟进行排水，达到雨停畦沟内不积水，大暴雨不受淹。

（四）病虫鸟害防治

1. 基本原则要从葡萄的整个生态系统出发，综合运用各种防治措施，创造不利于病虫害滋生和有利于各类天敌繁衍的环境条件，保持农业生态系统的平衡和生物多样化，减少各类病虫害所造成的损失。

2. 主要病虫害

霜霉病、黑痘病、灰霉病、白腐病、炭疽病、白粉病；透翅蛾、二星叶蝉、金龟子、吸果夜蛾、粉蚧、虎天牛；麻雀、白头翁等。

3. 控制措施

（1）农业防治。应优先采用的防治方法。主要措施有：秋冬季和初春，及时清理病僵果、病虫枝条、病叶等病组织，减少果园初侵染菌源和虫源；生长季节及时摘除病穗、病叶；加强夏季栽培管理，避免树冠郁蔽；应尽量利用灯光、色彩诱杀害虫，机械捕捉害虫。

（2）物理防治。采取防虫、鸟网、树上挂废弃的碟片和树干涂白等措施降低病虫、鸟的为害；采取果实套袋，以切断病菌传播途径和避免鸟的为害。套袋应采用葡萄专用果实袋，于花后25～40天果穗整形后套袋，纸袋质量应符合"GB11680食品包装用原纸卫生标准"的规定，套袋时需要避开雨后的高温天气，套袋时间不宜过晚。为了提高葡萄着色，应于采收前10～20天摘袋，摘袋时不要将纸袋一次性摘除，先把袋底打开，逐渐将袋去除。

（3）生物防治。使用Bt、白僵菌等真菌及其制剂防治葡萄透翅蛾。

（4）物质防除。在上述方法不能有效控制病虫害时，允许使用下列物质控制病虫害：在害虫发生初期，采取天然除虫菊、鱼藤酮、苦参及其制剂等防治葡萄透翅蛾、叶蝉等；在葡萄萌芽始期采用3度波美石硫合剂喷施枝条和地面以铲除病菌；在葡萄生长季节使用波尔多液作为保护剂防治病菌侵入，浆果膨大期前使用浓度为硫酸铜：石灰：水 = 1：0.3～0.5：200，其后使用浓度为硫酸铜：石灰：水 = 1：1：200。

（五）采收、包装、贮藏

要结合品种特性，适时采收。采摘时一手托住果穗，另一手握剪刀，将果穗剪下置于专用果筐内；放置时轻拿轻放，不要擦掉果粉。

为了提高果实商品性，应对采回的果实进行分级包装，包装材料应符合国家卫生要求和相关规定，提倡使用可重复、可回收和可生物降解的包装材料。包装应简单、实用、设计醒目，禁止使用接触过禁用物质的包装物或容器。

未能及时销售的有机葡萄，应置于冷藏仓库进行短期贮藏，标志清楚。仓库应清洁卫生，禁止有任何有害生物和有害物质残留。

（六）记录控制

有机葡萄生产者应建立并保护相关记录，从而为有机生产活动可溯源提供有效的证据。记录应清晰准确，这些记录主要包括以病虫害防治、肥水管理、花果管理等为主的生产记录，为保持可持续生产而进行的土壤培肥记录，与产品流通相关的包装、出入库和销售记录，以及产品销售后的申、投诉记录等。记录至少保存 5 年。

四、有机花生栽培技术规程

（一）基地选择

有机花生生产基地选择远离工矿企业，无潜在污染源，大气、土壤、水质符合有机食品生产要求。基地内实行花生—小麦、夏大豆（或玉米）两年三熟轮作。基地周围种植宽 10m 的杨树隔离带与常规农业区进行隔离。

（二）品种选择

选择适合当地生产的优质抗逆性强、高产的非转基因优良花生品种。所选种子质量要达到：纯度不低于98%；净度不低于99%；芽率不低于95%；含水量不高于13%。

播种前15天，选择晴天，将种子带壳晾晒2天。注意，傍晚将花生种子及时收入屋内，以免受潮。晾晒后对种子进行人工去壳，并进行仁选。去掉杂仁、虫仁、秕仁、霉仁。选用籽粒饱满大小均匀一致的种子备播。

（三）整地、施肥

4月上旬，亩施充分腐熟的有机肥（沼肥）3 000Kg，田间撒匀，进行深耕25cm以上，做到无漏耕，无坷垃耕均耙细，做到上松下实。

（四）播种

有机花生栽培，一般在4月15日前后，待地温稳定在15℃以上时进行抢墒或造墒播种，要求土壤含水量在70%左右。播种前对种子用沼液原液浸种6小时，用清水冲洗干净，晾干备播。播种采用机播覆黑色0.006mm聚乙烯地膜，播深3～4cm，每垄两行，行距30cm，墩距15cm，垄距90cm，每墩2株，每亩10 000墩。每亩用种15kg左右。机播后，注意地膜上应覆少量土，以防掀膜，有利于花生出土减少烤苗。

（五）田间管理

1. 及时破膜

播种5天后，要及时观察发芽出苗情况，如有80%花生发芽拱土，要及时在地膜上打眼，以防烤苗。

2. 查苗补种

出苗后及时检查出苗情况，如发现烂种，要用催好的大芽及时坐水补种。

3. 划锄清棵

苗齐后及时在花生破膜严重地方进行划锄，清除杂草，破除板结，然后清棵，标准以两片子叶露出地面为准。

4. 锄草

由于田间覆盖黑色地膜，杂草较少，如在薄膜破损处田间发现杂草，人工清除，尤其拔除护根草。

5. 浇水

进入夏季，降雨较多，田间要及时排水防涝。如遇干旱，要及时浇水，浇水采用地下井水浇灌，尤其在6月中旬花生开花果针下扎时，注意保持土壤湿润，不可干旱，以利于果针下扎。

6. 喷洒沼液

6月下旬以后可8~10天叶片喷洒1：2沼液一次，具有驱避虫害和促进生长的作用。

（六）病虫害防治

花生病虫害主要是蛴螬和蚜虫。防治主要采用农业防治为主。

1. 农业防治

有机花生生产基地播种期要适当推迟，使较多蛴螬老熟后下移化蛹，减轻为害，在收获花生时和早春深耕地时组织人工捡拾蛴螬，以降低虫的密度，减轻翌年为害。同时田间四周种植蓖麻诱杀金龟子成虫，使其麻醉后集中杀死。

2. 药物防治

花生播种前，结合拌种、施肥，每亩使用复合白僵菌180g，防治蛴螬。具体的使用方法是：60g用作拌种，120g结合旋耕地与有机肥混合均匀撒入地里。5月中下旬，麦收前后蚜虫易发生，如发现蚜虫，可采用1%苦参碱10mL对水50kg进行叶面喷雾防治。7月上旬根据田间病虫害的发生，可再进行叶面喷雾1%苦参碱一次。

（七）收获

9 月上旬，花生成熟后要及时收获，此期大多数荚果荚壳网纹明显、清晰、果仁饱满，荚果内海绵层收缩并有黑褐色光泽，果皮和种皮基本呈现固有的颜色即已成熟防止收获过早、过晚，影响产量和品质。一般亩收花生 300kg 左右。

收获时采用人工收获，做到镢刨、提蔓、抖土、摘果，做到无残果、碎果。要求刨深度以 10cm 为宜，应边刨，边拾果抖土，按顺序放好，并及时采用人工摘果，放于竹筐内，运往场院晾晒。

（八）晾晒

花生晾晒时要及时清理出部分地膜、叶子、果柄、土坷垃等杂物。

有机食品花生要单收、单运、单放、单贮藏，贮藏专用仓库必须清洁卫生，有防鼠设施，并进行除虫处理、贮前消毒，保持室内干燥。

第四节　农产品质量安全加工、包装技术

农产品大多以鲜活产品为主，且多为异地销售。为确保广大消费者能够吃到色、香、味俱全和品质优良的农产品，在加工、包装、贮存、运输过程中适当采取一定的保鲜防腐技术是必要的，也是发展的必然方向。因此，《农产品质量安全法》和《食品质量安全法》中规定农产品在包装、保鲜、贮存、运输中使用的保鲜剂、防腐剂、添加剂等材料，必须符合国家强制性技术规范要求。

一、加工

加工区远离厕所、垃圾场、医院污染源，加工过程中，主要

防止重金属和微生物的污染以及夹杂物的混入，具体措施：①加工中尽量减少与地面接触，这样可减少泥沙等夹杂物的混入以及微生物的污染；②精制过程中应增设磁性夹杂物剔除设备；③选择无重金属污染的机具，保持车间和机具的卫生。

二、包装

包装材料符合无公害标准要求，坚固、卫生，符合环保要求，不产生有毒有害物质和气体，单一材质的包装容器应符合相应国家标准；复合包装袋应符合规定。包装材料仓库应保持清洁，防尘，防污染。包装容器内外表面保持清洁。包装容器应该用干燥、清洁、无异味以及不影响产品品质的材料制成，包装要牢固、密封、防潮。装袋必须用麻袋或专用包装袋，装箱外包装采用特制木箱、纸箱、塑料箱等，成品应及时包装入库，应有产品标签和检验合格证、生产日期、等级；不同等级、品种应分堆储存，标识清晰。同时，法律还确立了农产品标志管理制度，明确了无公害农产品标志和其他优质农产品标志受法律保护，禁止冒用。具体要求有。

农产品生产企业、农民专业合作经济组织以及从事农产品收购的单位或者个人销售的农产品，按照规定应当包装或者附加标识的，须经包装或者附加标识后方可销售。包装物或者标识上应当按照规定标明产品的品名、产地、生产者、生产日期、保质期、产品质量等级等内容；使用添加剂的，还应当按照规定标明添加剂的名称。具体办法由国务院农业行政主管部门制定。

农产品在包装、保鲜、贮存、运输中所使用的保鲜剂、防腐剂、添加剂等材料，应当符合国家有关强制性的技术规范。

属于农业转基因生物的农产品，应当按照农业转基因生物安全管理的有关规定进行标识。

依法需要实施检疫的动植物及其产品，应当附具检疫合格标志、检疫合格证明。

销售的农产品必须符合农产品质量安全标准，生产者可以申请使用无公害农产品标志。农产品质量符合国家规定的有关优质农产品标准的，生产者可以申请使用相应的农产品质量标志。

禁止冒用前款规定的农产品质量标志。

第五节 农产品质量安全贮藏和运输

一、贮藏

常用的安全贮藏方法主要有以下几种。

冷藏。低温可使农产品呼吸强度下降，水分损失减少，微生物生长受到抑制。

干燥或脱水。干燥的农产品本身生理活动降低到很低，微生物活动也得到有效的抑制，适于长期贮藏。

控制和限制贮藏环境气体。改变贮藏环境中呼吸气体的浓度可以抑制农产品的呼吸作用和其他新陈代谢反应。

物理处理。热处理（热水、蒸气）可杀灭病原菌，并改变后熟、果实颜色的乙烯产生率。γ-射线辐射是杀死微生物的一种有效方法，紫外线辐射可诱导出果蔬对腐烂的抗性，推迟后熟过程。

施用化学物质。

生物控制。

二、运输

等待运输或运输中保持通风良好，防止日晒雨淋、高温。

搬动时要轻搬轻放，不能与有毒、有害、有异味的货物混装混运。

运输销售过程中保持清洁卫生，减少病虫侵染。

运输途中不在疫区停留。

运输车辆必须无污染，严禁用运过农药、化肥、饲料的车辆运输。

第四章　质量安全农产品的
申报和认证

第一节　无公害农产品的申报和认证

无公害农产品认证管理机关为农业部农产品质量安全中心。农业部农产品质量安全中心负责组织实施全国的无公害农产品认证工作。根据《无公害农产品管理办法》（农业部、国家质检总局第12号令），无公害农产品认证分为产地认定和产品认证，产地认定由省级农业行政主管部门组织实施，产品认证由农业部农产品质量安全中心组织实施，获得无公害农产品产地认定证书的产品方可申请产品认证。提供认证的农产品按农业部《实施无公害农产品认证的产品目录》的规定认证。无公害农产品定位是保障基本安全、满足大众消费。无公害农产品认证是政府行为，认证不收费。

一、无公害农产品认证程序

（1）从事农产品生产的单位和个人，可以直接向所在县级农产品质量安全工作机构（简称"工作机构"）提出无公害农产品产地认定和产品认证一体化申请，并提交以下材料：①《无公害农产品产地认定与产品认证（复查换证）申请书》；②国家法律法规规定申请者必须具备的资质证明文件（复印件）；③无公害农产品生产质量控制措施；④无公害农产品生产操作规程；⑤符合规定要求的《产地环境检验报告》和《产地环境现状评价报告》或者符合无公害农产品产地要求的《产地环境调查报告》；⑥符合规定要求的《产品检验报告》；⑦规定提交的其他相应材料。

申请产品扩项认证的，提交材料①、④、⑥和有效的《无公害农产品产地认定证书》。

申请复查换证的，提交材料①、⑥、⑦和原《无公害农产品产地认定证书》和《无公害农产品认证证书》复印件，其中，材料⑥的要求按照《无公害农产品认证复查换证有关问题的处理意见》执行。

（2）同一产地、同一生长周期、适用同一无公害食品标准生产的多种产品在申请认证时，检测产品抽样数量原则上采取按照申请产品数量开二次平方根（四舍五入取整）的方法确定，并按规定标准进行检测。申请之日前两年内、省监督抽检质量安全不合格的产品应包含在检测产品抽样数量之内。

（3）县级工作机构自收到申请之日起 10 个工作日内，负责完成对申请人申请材料的形式审查。符合要求的，在《无公害农产品产地认定与产品认证报告》（以下简称《认证报告》）签署推荐意见，连同申请材料报送地级工作机构审查。不符合要求的，书面通知申请人整改、补充材料。

（4）地级工作机构自收到申请材料、县级工作机构推荐意见之日起 15 个工作日内，对全套申请材料进行符合性审查，符合要求的，在《认证报告》上签署审查意见（北京、天津、重庆等直辖市和计划单列市的地级工作合并到县级一并完成），报送省级工作机构。不符合要求的，书面告之县级工作机构通知申请人整改、补充材料。

（5）省级工作机构自收到申请材料及县、地两级工作机构推荐、审查意见之日起 20 个工作日内，应当组织或者委托地县两级有资质的检查员按照《无公害农产品认证现场检查工作程序》进行现场检查，完成对整个认证申请的初审，并在《认证报告》上提出初审意见。

通过初审的，报请省级农业行政主管部门颁发《无公害农产品产地认定证书》，同时将申请材料、《认证报告》和《无公害农产品产地认定与产品认证现场检查报告》及时报送部直各业务对口分中心复审。

未通过初审的，书面告之地县级工作机构通知申请人整改、补充材料。

（6）本工作流程规范未对无公害农产品产地认定和产品认证作调整的内容，仍按照原有无公害农产品产地认定与产品认证相应规定执行。

（7）农业部农产品质量安全中心审核颁发《无公害农产品证书》前，申请人应当获得《无公害农产品产地认定证书》或者省级工作机构出具的产地认定证明。

二、无公害农产品标志管理

（一）无公害农产品标志基本图案及规格

如下图。

（二）标志使用

在经过无公害农产品产地认定基础上，在该产地生产农产品的企业和个人，按要求组织材料，经过省级工作机构、农业部农产品质量安全中心专业分中心、农业部农产品质量安全中心的严格审查、评审，符合无公害农产品标准，同意颁发无公害农产品证书并许可加贴标志的农产品，才可以冠以"无公害农产品"称号。

（三）处罚规定

伪造、变造、盗用、冒用、买卖和转让无公害农产品标志以及违反《无公害农产品管理办法》规定的，按照国家有关法律法规的规定，予以行政处罚；构成犯罪的，依法追究其刑事责任。

从事无公害农产品标志管理的工作人员滥用职权、徇私舞弊、玩忽职守，由所在单位或者所在单位的上级行政主管部门给予行政处分；构成犯罪的，依法追究刑事责任。

第二节　绿色食品的申报和认证

绿色食品，是指遵循可持续发展原则，按照特定生产方式生产，经专门机构认定，许可使用绿色食品标志，无污染的安全、优质、营养类食品。"按照特定生产方式生产"，是指在生产、加工过程中按照绿色食品的标准，禁用或限制使用化学合成的农药、肥料、添加剂等生产资料及其他可能对人体健康和生态环境产生危害的物质，并实施"从土地到餐桌"全程质量控制。这是绿色食品工作运行方式中的重要部分，同时也是绿色食品质量标准的核心；"经专门机构认定，许可使用绿色食品标志"是指绿色食品标志是中国绿色食品发展中心在国家工商行政管理总局商标局注册的证明商标，受《中华人民共和国商标法》保护，中国绿色食品发展中心作为商标注册人享有专用权，包括独占权、转让权、许可权和继承权。未经注册人许可，任何单位和个人不得使用；"安全、优质、营养"体现的是绿色食品的质量特性。绿色食品分为 A 级和 AA 级，AA 级绿色食品与有机食品遵守相同的原则和标准。

自然资源和生态环境是食品生产的基本条件，由于与生命、资源、环境相关的事物通常冠之以"绿色"，为了突出这类食品出自良好的生态环境，并能给人们带来旺盛的生命活力，因此，将其定名为"绿色食品"。

　　无污染、安全、优质、营养是绿色食品的特征。无污染是指在绿色食品生产、加工过程中，通过严密监测、控制，防范农药残留、放射性物质、重金属、有害细菌等对食品生产各个环节的污染，以确保绿色食品产品的洁净。绿色食品的优质特性不仅包括产品的外表包装水平高，而且还包括内在质量水准高；产品的内在质量又包括两方面：一是内在品质优良，二是营养价值和卫生安全指标高。

一、申请人及申请认证产品条件

（一）申请人条件

（1）申请人必须是企业法人，社会团体、民间组织、政府和行政机构等不可作为绿色食品的申请人。同时，还要求申请人具备绿色食品生产的环境条件和技术条件。

（2）生产具备一定规模，具有较完善的质量管理体系和较强的抗风险能力。

（3）加工企业须生产经营一年以上方可受理申请。

（4）有下列情况之一者，不能作为申请人。

　　①与中心和省绿办有经济或其他利益关系的；②可能引致消费者对产品来源产生误解或不信任的，如批发市场、粮库等；③纯属商业经营的企业（如百货大楼、超市等）。

（二）申请认证产品条件

（1）按国家商标类别划分的第5、第29、第30、第31、第32、第33类中的大多数产品均可申请认证。

（2）以"食"或"健"字登记的新开发产品可以申请认证。

（3）经卫生部公告既是药品也是食品的产品可以申请认证。

（4）暂不受理油炸方便面、叶菜类酱菜（盐渍品）、火腿肠及作用机理不甚清楚的产品（如减肥茶）的申请。

（5）绿色食品拒绝转基因技术。由转基因原料生产（饲养）加工的任何产品均不受理。

二、绿色食品认证程序

（一）认证申请

申请人填写并向所在省绿办递交《绿色食品标志使用申请书》《企业及生产情况调查表》及以下材料。

（1）保证执行绿色食品标准和规范的声明。

（2）生产操作规程（种植规程、养殖规程、加工规程）。

（3）公司对"基地＋农户"的质量控制体系（包括合同、基地图、基地和农户清单、管理制度）。

（4）产品执行标准。

（5）产品注册商标文本（复印件）。

（6）企业营业执照（复印件）。

（7）企业质量管理手册。

（8）要求提供的其他材料（通过体系认证的，附证书复印件）。

（二）受理及文审

省绿办收到上述申请材料后，进行登记、编号，5 个工作日内完成对申请认证材料的审查工作，并向申请人发出《文审意见通知单》，同时抄送中心认证处。申请认证材料不齐全的，要求申请人收到《文审意见通知单》后 10 个工作日提交补充材料。申请认证材料不合格的，通知申请人本生长周期不再受理其申请。

（三）现场检查、产品抽样

省绿办应在《文审意见通知单》中明确现场检查计划，并在计划得到申请人确认后委派 2 名或 2 名以上检查员进行现场检查。

检查员根据《绿色食品 检查员工作手册》（试行）和《绿色食品 产地环境质量现状调查技术规范》（试行）中规定的有关项目进行逐项检查。每位检查员单独填写现场检查表和检查意见。现场检查和环境质量现状调查工作在 5 个工作日内完成，完成后 5 个工作日内向省绿办递交现场检查评估报告和环境质量现状调查报告及有关调查资料。

现场检查合格，可以安排产品抽样。凡申请人提供了近一年内绿色食品定点产品监测机构出具的产品质量检测报告，并经检查员确认，符合绿色食品产品检测项目和质量要求的，免产品抽样检测。

现场检查合格，需要抽样检测的产品安排产品抽样。

（1）当时可以抽到适抽产品的，检查员依据《绿色食品产品抽样技术规范》进行产品抽样，并填写《绿色食品产品抽样单》，同时将抽样单抄送中心认证处。特殊产品（如动物性产品等）另行规定。

（2）当时无适抽产品的，检查员与申请人当场确定抽样计划，同时将抽样计划抄送中心认证处。

（3）申请人将样品、产品执行标准、《绿色食品产品抽样单》和检测费寄送绿色食品定点产品监测机构。

现场检查不合格，不安排产品抽样。

（四）环境监测

绿色食品产地环境质量现状调查由检查员在现场检查时同步完成。

经调查确认，产地环境质量符合《绿色食品 产地环境质量现状调查技术规范》规定的免测条件，免做环境监测。

根据《绿色食品 产地环境质量现状调查技术规范》的有关规定，经调查确认，必要进行环境监测的，省绿办自收到调查报告2个工作日内以书面形式通知绿色食品定点环境监测机构进行环境监测，同时将通知单抄送中心认证处。

定点环境监测机构收到通知单后，40个工作日内出具环境监测报告，连同填写的《绿色食品环境监测情况表》，直接报送中心认证处，同时抄送省绿办。

（五）产品检测

绿色食品定点产品监测机构自收到样品、产品执行标准、《绿色食品产品抽样单》、检测费后，20个工作日内完成检测工作，出具产品检测报告，连同填写的《绿色食品产品检测情况表》，报送中心认证处，同时抄送省绿办。

（六）认证审核

省绿办收到检查员现场检查评估报告和环境质量现状调查报告后，3个工作日内签署审查意见，并将认证申请材料、检查员现场检查评估报告、环境质量现状调查报告及《省绿办绿色食品认证情况表》等材料报送中心认证处。中心认证处收到省绿办报送材料、环境监测报告、产品检测报告及申请人直接寄送的《申请绿色食品认证基本情况调查表》后，进行登记、编号，在确认收到最后一份材料后2个工作日内下发受理通知书，书面通知申请人，并抄送省绿办。中心认证处组织审查人员及有关专家对上述材料进行审核，20个工作日内做出审核结论。审核结论为"有疑问，需现场检查"的，中心认证处在2个工作日内完成现场检查计划，书面通知申请人，并抄送省绿办。得到申请人确认后，5个工作日内派检查员再次进行现场检查。审核结论为"材料不完整或需要补充说明"的，中心认证处向申请人发送《绿色食品认证审核通知单》，同时抄送省绿办。申请人需在20个工作日内将补充材料报送中心认证处，并抄送省绿办。审核结论为

"合格"或"不合格"的，中心认证处将认证材料、认证审核意见报送绿色食品评审委员会。

（七）认证评审

绿色食品评审委员会自收到认证材料、认证处审核意见后10个工作日内进行全面评审，并做出认证终审结论。结论为"认证不合格"，评审委员会秘书处在做出终审结论2个工作日内，将《认证结论通知单》发送申请人，并抄送省绿办。本生产周期不再受理其申请。

LB	—	XX	—	XX	XX	XX	XXXX	A (AA)
绿标		产品类别		认证年份	认证月份	省份（国别）	产品序号	产品级别

（八）颁证

中心在5个工作日内将办证的有关文件寄送"认证合格"申请人，并抄送省绿办。申请人在60个工作日内与中心签定《绿色食品标志商标使用许可合同》。

三、标志使用

（一）标志图形及编码

绿色食品标志图形由3部分构成；上方的太阳、下方的叶片和蓓蕾。标志图形为正圆形，意味保护、安全。整个图形描绘了一幅明媚阳光照耀下的和谐生机，告诉人们绿色食品是出自纯净、良好生态环境的安全、无污染食品，能给人们带来蓬勃的生命力。绿色食品标志还提醒人们要保护环境和防止污染，通过改善人与环境的关系，创造自然界新的和谐。

绿色食品标志作为一种产品质量证明商标，其商标专用权受《中华人民共和国商品法》保护。

绿色食品标志注册的质量证明商标共有 4 种形式：①绿色食品的标志图形；②中文"绿色食品"4 个字；③英文"Green Food"；④上述中英文和标志图形的组合。

①

②

③

④

绿色食品标志编号的基本形式如下。

举例：LB－25－0305060305A，这个编号代表的是辽宁省北宁市旺发养殖场申报的猪肉。编号中 25－猪肉，03－2003 年，05～5 月份，06－辽宁省，0305－认证序号，A－认证的产品为 A 级绿色食品。需要说明的是，省份（国别）代码的各省（市、区）按全国行政区划的序号编码，中国不编代码。国外产品从第 51 号起始，按各国绿色食品产品认证的先后顺序编排该国的代码。

（二）绿色食品标志的使用

　　获得绿色食品标志使用权的产品在标志使用时，须严格按照《绿色食品标志设计标准手册》的规范要求正确设计，并在中国绿色食品发展中心认定的单位印制。使用绿色食品标志的单位和个人须严格履行"绿色食品标志使用协议"。绿色食品标志的企业，改变其生产条件、工艺、产品标准及注册商标前，须报经中国绿色食品发展中心批准。由于不可抗拒的因素暂时丧失绿色食品生产条件的，生产者应在一个月内报告省、部两级绿色食品管理机构，暂时中止使用绿色食品标志，待条件恢复后，经中国绿色食品发展中心审核批准，方可恢复使用。绿色食品标志编号的使用权，以核准使用产品为限。未经中国绿色食品发展中心批准，不得将绿色食品标志及其编号转让给其他单位或个人。绿色食品标志使用权自批准之日起 3 年有效。要求继续使用绿色食品标志的，须在有效期满前 9 天内重新申报，未重新申报的，视为自动放弃其使用权。使用绿色食品标志的单位和个人，在有效的使用期限内，应接受中国绿色食品发展中心指定的环保、食品监测部门对其使用标志的产品及生态环境进行抽查，抽检不合格的。撤消标志使用权，在本使用期限内，不再受理其申请。

　　中国绿色食品发展中心开展绿色食品认证和绿色食品标志许可工作，可收取绿色食品认证费和标志使用费。绿色食品认证费由申请获得绿色食品标志使用许可的企业在申请时缴纳，具体收费标准按有关规定执行。绿色食品标志使用费由获得绿色食品标志使用许可的企业在每个绿色食品标志使用年度开始前缴纳，标志使用权有效期 3 年。收取认证费和标志使用费的有关事项，应在《绿色食品标志商标使用许可合同》中依照本办法的有关规定予以约定。未按规定缴纳认证费或标志使用费的，中国绿色食品发展中心可以对其做出不予或终止绿色食品标志使用许可的处理。

绿色食品收费分为认证和标志使用费。绿色食品认证费收费标准具体为：每个产品 8 000 元，同类的（57 小类）的系列初级产品，超过两个的部分，每个产品 1 000 元；主要原料相同和工艺相近的系列加工产品，超过两个的部分，每个产品 2 000 元；其他系列产品，超过两个的部分，每个产品 3 000 元。绿色食品标志使用费收费根据认证产品不同而收费。

第三节 有机农产品的申报和认证

有机农业是按照有机农业生产标准，在生产过程中不使用有机化学合成的肥料、农药、生长调节剂和畜禽饲料添加剂等物质，不采用 GMO 方法获得的生物及其产物，采取一系列可持续发展的农业技术、协调种植业和畜牧业的关系，促进生态平衡、物种的多样性和资源的可持续利用。有机食品指来自有机农业生产体系，根据有机农业生产要求和相应标准生产加工，并且通过合法的有机食品认证机构认证的农副产品及其加工品。

一、有机食品认证机构

有机食品认证机构的认可工作最初由设在国家环保总局的"国家有机食品认证认可委员会"负责。根据 2002 年 11 月 1 日开始实施的《中华人民共和国认证认可条例》的精神，国家环保总局正在将有机认证机构的认可工作转交国家认监委。到 2009 年底经国家认监委认可的专职或兼职有机认证机构总共有北京中绿华夏有机食品认证中心、中国质量认证中心等 32 家。

2003 年下半年，国家认监委和国家标准委共同组织了有机农产品国家标准的制定工作，中华人民共和国质量监督检验检疫总局和国家标准委于 2005 年 1 月 19 日以国家标准予以发布，2005 年 4 月 1 日开始实施。这是我国颁布的第一个有机产品的国家标准。有机农产品国家标准为系列标准，包括有机生产标准、有机加工标准、有机产品标识与销售标准、管理体系标准4个部分。从此，我国统一了有机产品（有机食品）的认证标准，有机产品（有机食品）的认证标识。到2009年底经国家认监委认可的有机食品有佳木斯华夏东极农业有限公司3 746家。

目前在中国开展有机认证业务的还有几家外国有机认证机构。最早的是1995年进入中国的美国有机认证机构"国际有机作物改良协会"（OCIA），该机构与OFDC合作在南京成立了OCIA中国分会。此后，法国的ECOCERT、德国的BCS、瑞士的IMO和日本的JONA和OCIA-JAPAN都相继在北京、长沙、南京和上海建立了各自的办事处，在中国境内开展了数量可观的有机认证检查和认证工作。国外认证机构认证企业数超过500家。

二、有机食品认证程序

（一）申请

申请人向有机认证机构提交《有机食品认证申请书》《有机食品认证调查表》以及《有机食品认证书面资料清单》要求的文件，并按要求准备相关材料。申请人按《有机产品》国家标准第4部分的要求，建立本企业的质量管理体系、质量保证体系的技术措施和质量信息追踪及处理体系。

（二）文件审核

有机认证机构对申报材料进行文件审核。审核合格，有机认证机构向企业寄发《受理通知书》《有机食品认证检查合同》。审核不合格，认证中心通知申请人且当年不再受理其申请。根据《检查合同》的要求，申请人缴纳相关费用，以保证认证前期工作的正常开展。

（三）实地检查

有机认证机构派出有资质的检查员。对申请人的质量管理体系、生产过程控制体系、追踪体系以及产地、生产、加工、仓储、运输、贸易等进行实地检查评估。必要时，检查员需对土壤、产品抽样，由申请人将样品送指定的质检机构检测。

（四）编写检查报告

检查员完成检查后，按有机认证机构要求编写检查报告。检查员在检查完成后两周内将检查报告送达有机认证机构。

（五）综合审查评估意见

有机认证机构根据申请人提供的申请表、调查表等相关材料以及检查员的检查报告和样品检验报告等进行综合审查评估，编制颁证评估表，提出评估意见并报技术委员会审议。

（六）颁证决定

认证决定人员对申请人的基本情况调查表、检查员的检查报告和有机认证机构的评估意见等材料进行全面审查，做出同意颁证、有条件颁证、有机转换颁证或拒绝颁证的决定。证书有效期为1年。

当申请项目较为复杂（如养殖、渔业、加工等项目）时，或在一段时间内（如6个月），召开技术委员会工作会议，对相应项目做出认证决定。

1. 同意颁证

申请内容完全符合有机食品标准，颁发有机食品证书。

2. 有条件颁证

申请内容基本符合有机食品标准，但某些方面尚需改进，在申请人书面承诺按要求进行改进以后，亦可颁发有机食品证书。

3. 有机转换颁证

申请人的基地进入转换期一年以上，并继续实施有机转换计划，颁发有机转换基地证书。从有机转换基地收获的产品，按照有机方式加工，可作为有机转换产品，即"转换期有机食品"销售。

4. 拒绝颁证

申请内容达不到有机食品标准要求，技术委员会拒绝颁证，并说明理由。

（七）有机食品标志的使用

根据证书和《有机食品标志使用管理规则》的要求，签订《有机食品标志使用许可合同》，并办理有机食品商标的使用手续。

（八）保持认证

（1）有机食品认证证书有效期为 1 年，在新的年度里，有机认证机构会向获证企业发出《保持认证通知》。

（2）获证企业在收到《保持认证通知》后，应按照要求提交认证材料、与联系人沟通确定实地检查时间并及时缴纳相关费用。

（3）保持认证的文件审核、实地检查、综合评审、颁证决定的程序同初次认证。

第四节　农产品地理标志认定程序

农业部负责全国农产品地理标志的登记工作，农业部农产品质量安全中心负责农产品地理标志登记的审查和专家评审工作。省级人民政府农业行政主管部门负责本行政区域内农产品地理标志登记申请的受理和初审工作。农业部设立的农产品地理标志登记专家评审委员会，负责专家评审。农产品地理标志登记专家评审委员会由种植业、畜牧业、渔业和农产品质量安全等方面的专家组成。农产品地理标志登记不收取费用。县级以上人民政府农业行政主管部门应当将农产品地理标志管理经费，编入本部门年度预算。

一、基本要求

（一）申请地理标志登记的农产品，应当符合下列条件

①称谓由地理区域名称和农产品通用名称构成；②产品有独特的品质特性或者特定的生产方式；③产品品质和特色主要取决于独特的自然生态环境和人文历史因素；④产品有限定的生产区域范围；⑤产地环境、产品质量符合国家强制性技术规范要求。

（二）农产品地理标志登记申请人

农产品地理标志登记申请人为县级以上地方人民政府，根据下列条件择优确定的农民专业合作经济组织、行业协会等组织。

（1）具有监督和管理农产品地理标志及其产品的能力。

（2）具有为地理标志农产品生产、加工、营销提供指导服务的能力。

（3）具有独立承担民事责任的能力。

二、登记管理

（一）申请材料

符合农产品地理标志登记条件的申请人，可以向省级人民政府农业行政主管部门提出登记申请，并提交下列申请材料。

（1）登记申请书。

（2）申请人资质证明。

（3）产品典型特征特性描述和相应产品品质鉴定报告。

（4）产地环境条件、生产技术规范和产品质量安全技术规范。

（5）地域范围确定性文件和生产地域分布图。

（6）产品实物样品或者样品图片。

（7）其他必要的说明性或者证明性材料。

（二）审查

省级人民政府农业行政主管部门自受理农产品地理标志登记申请之日起，应当在 45 个工作日内完成申请材料的初审和现场核查，并提出初审意见。符合条件的，将申请材料和初审意见报送农业部农产品质量安全中心；不符合条件的，应当在提出初审意见之日起 10 个工作日内将相关意见和建议通知申请人。

农业部农产品质量安全中心应当自收到申请材料和初审意见之日起 20 个工作日内，对申请材料进行审查，提出审查意见，并组织专家评审。经专家评审通过的，由农业部农产品质量安全中心代表农业部对社会公示。有关单位和个人有异议的，应当自公示截止日起 20 日内向农业部农产品质量安全中心提出。公示无异议的，由农业部做出登记决定并公告，颁发《中华人民共和国农产品地理标志登记证书》，公布登记产品相关技术规范和标准。专家评审没有通过的，由农业部做出不予登记的决定，书面通知申请人，并说明理由。

（三）证书使用

农产品地理标志登记证书长期有效。有下列情形之一的，登记证书持有人应当按照规定程序提出变更申请：①登记证书持有人或者法定代表人发生变化的；②地域范围或者相应自然生态环境发生变化的。

三、标志及使用

（一）标志申请

符合下列条件的单位和个人，可以向登记证书持有人申请使用农产品地理标志。

（1）生产经营的农产品产自登记确定的地域范围。

（2）已取得登记农产品相关的生产经营资质。

（3）能够严格按照规定的质量技术规范组织开展生产经营

活动。

（4）具有地理标志农产品市场开发经营能力。

（二）使用

使用农产品地理标志，应当按照生产经营年度与登记证书持有人签订农产品地理标志使用协议，在协议中载明使用的数量、范围及相关的责任义务。

农产品地理标志登记证书持有人不得向农产品地理标志使用人收取使用费。

（三）农产品地理标志使用人享有以下权利

（1）可以在产品及其包装上使用农产品地理标志。

（2）可以使用登记的农产品地理标志进行宣传和参加展览、展示及展销。

（四）农产品地理标志使用人应当履行以下义务

（1）自觉接受登记证书持有人的监督检查。

（2）保证地理标志农产品的品质和信誉。

（3）正确规范地使用农产品地理标志。

（五）监督管理

县级以上人民政府农业行政主管部门应当加强农产品地理标志监督管理工作，定期对登记的地理标志农产品的地域范围、标志使用等进行监督检查。

登记的地理标志农产品或登记证书持有人不符合规定的，由农业部注销其地理标志登记证书并对外公告。

四、农产品地理标志

如下页图。

第五节 良好农业规范的申报和认证

1997 年欧洲零售商农产品工作组（EUREP）在零售商的倡导下提出了"良好农业规范（Good Agricultural Practices，简称 GAP）"，简称为 EUREPGAP；2001 年 EUREP 秘书处首次将 EUREPGAP 标准对外公开发布。EUREPGAP 标准主要针对初级农产品生产的种植业和养殖业，分别制定和执行各自的操作规范，鼓励减少农用化学品和药品的使用，关注动物福利、环境保护、工人的健康、安全和福利，保证初级农产品生产安全的一套规范体系。它是以危害预防（HACCP）、良好卫生规范、可持续发展农业和持续改良农场体系为基础，避免在农产品生产过程中受到外来物质的严重污染和危害。该标准主要涉及大田作物种植、水果和蔬菜种植、畜禽养殖、牛羊养殖、奶牛养殖、生猪养殖、家禽养殖、畜禽公路运输等农业产业。水产养殖和咖啡种植的 EUREPGAP 标准正在制订和完善之中。

2003 年 4 月国家认证认可监督管理委员会首次提出在我国食品链源头建立"良好农业规范"体系，并于 2004 年启动了 ChinaGAP 标准的编写和制定工作，良好农业规范系列国家标准 GB/T 20014. 1 – 11 于 2005 年 12 月 31 日发布，2006 年 5 月 1 日正式实施。到 2009 年底经国家认监委认可的专职或兼职中国良好农业规范认证机构总共有农业部优质农产品开发服务中心、中国质量认证中心等 32 家。到 2009 年底经国家认监委认可获得中国良好农业规范认证有福建南海食品有限公司等 357 个公司。

一、GAP 认证应具备的基本条件

申请人符合 GAP 标准要求的必备硬件、软件条件；已按标准要求建立统一的操作规范，并有效实施；有至少 3 个月的运行记录 。

二、进行 GAP 认证的依据

CNCA – N – 004：2006《良好农业规范认证实施规则（试行)》。

GB/T 20014.1 至 20014.10-2005《良好农业规范系列标准》。

《良好农业规范 综合农业保证 第 1 部分：术语》

《良好农业规范 综合农业保证 第 2 部分：农场基础控制点与符合性规范》

《良好农业规范 综合农业保证 第 3 部分：作物基础控制点与符合性规范》

《良好农业规范 综合农业保证 第 4 部分：大田作物种植控制点与符合性规范》

《良好农业规范 综合农业保证 第 5 部分：果蔬种植控制点与符合性规范》

《良好农业规范 综合农业保证 第 6 部分：畜禽养殖基础控制点与符合性规范》

《良好农业规范 综合农业保证 第 7 部分：牛羊养殖控制点与符合性规范》

《良好农业规范 综合农业保证 第 8 部分：奶牛养殖控制点与

符合性规范》

《良好农业规范 综合农业保证 第9部分：生猪养殖控制点与符合性规范》

《良好农业规范 综合农业保证 第10部分：家禽养殖控制点与符合性规范》

《良好农业规范 综合农业保证 第11部分：畜禽公路运输控制点与符合性规范》

不同行业、不同类型申请人开展GAP认证执行不同的标准。例如，大田作物种植：农场基础控制点与符合性规范、作物基础控制点与符合性规范、大田作物种植控制点与符合性规范；果蔬种植：农场基础控制点与符合性规范、作物基础控制点与符合性规范、果蔬种植控制点与符合性规范。

以农业生产经营者组织申请认证时还需满足质量管理体系要求。

三、认证程序

一是熟悉标准，认真阅读《GAP认证实施规则》、GAP控制点和符合性规范等标准，了解标准中的要求。

二是企业管理者、生产负责人和内部审核员应参加过培训，以便更多了解GAP的要求和相关知识。

三是生产操作过程符合相关GAP控制点的操作标准，遵循本国和出口目标国的法律法规，并保存GAP操作过程中完整的农事活动书面记录。

四是在接受正式的独立检查之前，企业应该使用《GAP检查表》进行一次自我检查，验证是否符合了GAP的所有控制点，并对不符合的地方进行记录和改进。

五是申请者在接受认证机构的检查之前，要积极配合认证机构提供有关的文字材料，并在检查现场、设施以及人员等方面给予配合。

1. 文件准备

企业在接受认证机构的检查之前，应当准备齐全《GAP 控制点和符合性规范》要求的所有文件，若是第一次接受检查，须保存 3 个月以上的完整农事活动书面记录，包括产品的可追溯性文件。这些文件和记录以证明申请方确实进行了 GAP 操作。

具体文件要求如下。

（1）质量手册（以单个农业生产经营者申请时手册非必须）。

（2）规程文件。

（3）农事活动记录。

（4）风险分析记录。

（5）检测结果（农药残留检测报告，当有清洗用水时须提交水质检测报告）。

2. 地点和设施的准备

作物生产地块、设施、场所；进行 GAP 生产和加工的标志（牌子）；生产环境的卫生情况；工人的福利状况；对生产过程中可能出现的紧急事故的处理能力；对 GAP 控制点的遵从情况；是否能够有效地防止农业操作过程中的交叉污染；GAP 产品和其他产品的隔离措施以及地块的准备等。

3. 人员的准备

主要是管理人员、内部检查员和生产加工人员对 GAP 标准理解，以及根据标准活动的实施情况。

六是内部检查员应该对认证的地块上 GAP 操作体系的执行情况每年进行至少一次内部检查（自我检查）。重点是操作中的不符合项、整改措施的落实情况

七是检查安排

作物类检查：检查时至少有一种当季作物，使得机构确信任

何登记的非当季作物的管理都能够符合良好农业规范相关技术规范的要求（当季作物是指仍处在田间生长阶段或者在田间尚未收获阶段或收获后在储藏阶段的作物）。

果蔬类检查：第一次检查要有采收日期之前 3 个月的记录，第二次和其后的检查现场至少必须有一种申请认证范围内的果蔬产品（指在地里、在仓库中、或是地里或果园里的农作物上还未准备收割的农产品）能使认证机构相信，任何其他当时未在种植的申请果蔬产品也符合良好农业规范相关技术规范的要求。

四、GAP 认证费用

认证费用包含申请费 2 000 元、注册费 3 000 元、管理年金 5 000 元，审核费按照 3 000 元/人·日计算，根据申请产品种类、面积确定现场检查的人日。按照 2~5 个人/日推算，一般申请人大致的认证费用为 16 000~25 000 元，具体金额在签订认证合同时根据实际情况确定。

《良好农业规范认证实施规则（试行）》规定，GAP 认证合同有效期为 3 年，GAP 证书有效期为 1 年，证书期满要进行复评。复评时，不收取申请费和注册费，只按规定收取管理年金和审核费。

五、中国良好农业规范标志

附　录

附录一　无公害农产品认证目录

无公害农产品认证目录

一、种植业产品

序号	产品名称	别名	适用标准
1	稻谷		NY 5115—2002 无公害食品 大米
2	大米		
3	大米粉		
4	小麦		NY 5301—2005 无公害食品 麦类及面粉
5	大麦	皮大麦、裸大麦（米大麦、 元麦、裸麦、青稞、米麦）	
6	黑麦		
7	小黑麦		
8	燕麦	裸燕麦（莜麦、铃铛麦、 玉麦、油麦）、皮燕麦	
9	荞麦	甜荞（乔麦、乌麦、花麦、 三角麦、荞子）、苦荞（鞑靼荞麦）	
10	麦粉		
11	麦片		
12	鲜食玉米		NY 5200—2004 无公害食品 鲜食玉米
13	笋玉米		
14	速冻玉米		

（续表）

一、种植业产品

序号	产品名称	别名	适用标准
15	玉米	玉蜀黍、大蜀黍、棒子、包谷、包米、珍珠米	
16	玉米初级加工品		
17	糯玉米	黏玉米	NY 5302—2005 无公害食品 玉米
18	甜玉米		
19	爆裂玉米		
20	玉米糁	玉米渣	
21	玉米面	包米面、棒子面	
22	粮用蚕豆		
23	蚕豆初级加工品		
24	粮用豌豆		
25	豌豆初级加工品		
26	粮用扁豆	蛾眉豆、眉豆	
27	扁豆初级加工品		NY 5202—2005 无公害食品 粮用豆
28	粮用黎豆	狸豆、虎豆或狗爪豆	
29	黎豆初级加工品		
30	粮用红花菜豆	多花菜豆、大白芸豆、看花豆、大花豆、龙爪豆、荷包豆或大白云豆	
31	红花菜豆初级加工品		
32	粮用红小豆	赤豆、赤小豆、红豆、小豆	
33	红小豆初级加工品		

（续表）

一、种植业产品

序号	产品名称	别名	适用标准
34	粮用白小豆		
35	白小豆初级加工品		
36	粮用绿小豆		
37	绿小豆初级加工品		
38	粮用芸豆	去荚的干菜豆和干四季豆	
39	芸豆初级加工品		
40	粮用绿豆		
41	绿豆初级加工品		
42	粮用爬豆		
43	爬豆初级加工品		
44	粮用红珠豆		
45	红珠豆初级加工品		
46	粮用禾根豆		
47	禾根豆初级加工品		
48	粮用花豆		
49	花豆初级加工品		
50	粮用泥豆		
51	泥豆初级加工品		
52	粮用鹰嘴豆	桃豆、鸡豆、鸡头豆、鸡豌豆	
53	鹰嘴豆初级加工品		

（续表）

一、种植业产品

序号	产品名称	别名	适用标准
54	粮用饭豆		
55	饭豆初级加工品		
56	粮用小扁豆	滨豆、鸡眼豆	
57	小扁豆初级加工品		
58	粮用羽扇豆		
59	羽扇豆初级加工品		
60	粮用瓜尔豆	鸽豆、无脐豆、树豆、柳豆、黄豆树、刚果豆	
61	瓜尔豆初级加工品		
62	粮用利马豆	莱豆、棉豆、荷包豆、皇帝豆、玉豆、金甲豆、糖豆、洋扁豆	
63	利马豆初级加工品		
64	粮用木豆	鸽豆、无脐豆、树豆、柳豆、黄豆树、刚果豆、三叶豆、千年豆	
65	木豆初级加工品		
66	其他粮用豆及加工品		
67	甘薯	山芋、地瓜、番薯、红苕	
68	甘薯初级加工品		
69	木薯		NY 5304—2005 无公害食品 薯
70	木薯初级加工品		
71	其他粮用薯及初级加工品		
72	粟	谷子	Y 5305—2005 无公害食品 粟米
73	小米	粟米	

（续表）

一、种植业产品

序号	产品名称	别名	适用标准
74	黍	糜子	
75	黍米	大黄米、黄米、软黄米	
76	稷	稷子、禾稷	
77	稷米		
78	高粱	红粮、小蜀黍、红棒子	
79	高粱米		
80	高粱面		
81	薏苡	薏米仁、六谷子、草珠子、药玉米、回回米	
82	大豆		Y 5310—2005
83	大豆初级加工品		无公害食品大豆
84	花生		NY 5303—2005 无公害食品花生
85	大豆油		
86	油菜籽油		
87	花生油		
88	棉籽油		
89	芝麻油		
90	葵花籽油		NY 5306—2005
91	玉米胚芽油		无公害食品食用植物油
92	米糠油		
93	橄榄油		
94	亚麻籽油	胡麻油	
95	山茶油		
96	芸芥油		

（续表）

一、种植业产品

序号	产品名称	别名	适用标准
97	食用棕榈油		
98	食用椰子油		
99	红花籽油		
100	芸苔籽油		
101	芥子油		
102	油棕果油		
103	油莎豆油		
104	文冠果油		
105	线麻籽油		
106	苏籽油		
107	小麦胚油		
108	苍耳籽油		
109	杏仁油		
110	核桃油		
111	海棠果油		
112	其他食用植物油		
113	萝卜		
114	胡萝卜		
115	芜菁	盆菜、蔓青、圆根或灰萝卜	
116	芜菁甘蓝	紫米菜或洋蔓茎	NY 5082—2005 无公害食品 根菜类蔬菜
117	牛蒡	大力子、蝙蝠刺	
118	根萘菜	红菜头、紫菜头	
119	美洲防风	芹菜萝卜、蒲芹萝卜	
120	婆罗门参	西洋牛蒡	

（续表）

一、种植业产品

序号	产品名称	别名	适用标准
121	菊牛蒡	鸦葱、黑婆罗门参	
122	根芹菜	根洋芹、球根塘蒿	
123	山葵		
124	其他新鲜或冷藏的根菜类蔬菜		
125	普通白菜	小白菜、青菜、油菜	NY—52132004 无公害食品 普通白菜
126	菜薹	菜心、薹心菜、菜尖	
127	乌塌菜	塌菜、塌棵菜、油塌菜、太古菜、乌菜	
128	薹菜		NY 5003—2001 无公害食品 白菜类蔬菜
129	大白菜	结球白菜、包心白菜、黄芽菜、绍菜、卷心白菜、黄秧白	
130	紫菜薹	红薹菜	
131	其他白菜类蔬菜		
132	抱子甘蓝	芽甘蓝、子持甘蓝、汤菜甘蓝	
133	结球甘蓝	洋白菜、包菜、圆白菜、卷心菜、莲花白、椰菜	
134	花椰菜	花菜、菜花	NY 5008—2001 无公害食品 甘蓝类蔬菜
135	青花菜	绿菜花、意大利芥蓝、木立花椰菜	
136	球茎甘蓝	苤头、擘蓝、玉蔓菁	
137	其他新鲜或冷藏的甘蓝类蔬菜		
138	速冻芥蓝		
139	速冻抱子甘蓝		NY 5193—2002 无公害食品 速冻甘蓝类蔬菜
140	速冻结球甘蓝		
141	速冻花椰菜		

一、种植业产品

序号	产品名称	别名	适用标准
142	速冻青花菜		
143	速冻球茎甘蓝		
144	其他速冻甘蓝类蔬菜		
145	芥蓝	白花芥蓝	NY 5215—2004 无公害食品芥蓝
146	根用芥菜	大头菜、疙瘩菜、芥菜头、春头、生芥	
147	叶用芥菜	散叶芥菜和结球芥菜、包心芥、辣菜、苦菜、石榴红、芥菜、主园菜、梨叶	
148	茎用芥菜	青菜头、羊角菜	
149	薹用芥菜		NY 5299—2005 无公害食品芥菜类蔬菜
150	子芥菜	蛮油菜、辣油菜、大油菜	
151	分蘖芥	雪里蕻、雪菜、毛芥菜、紫菜英	
152	抱子芥	四川儿菜、芽芥菜	
153	其他新鲜或冷藏的芥菜类蔬菜		
154	番茄	西红柿、洋柿子	
155	茄子	茄瓜、吊瓜、矮瓜、落苏、茄包	
156	辣椒	小青椒、番椒、海椒、秦椒、辣茄、大椒、辣子	NY 5005—2001 无公害食品茄果类蔬菜
157	甜椒	大青椒、菜椒、柿子椒	
158	酸浆	红姑娘、灯笼草、洛神珠	
159	其他新鲜或冷藏的茄果类蔬菜		
160	刺槐豆荚	角豆荚	NY 5078—2005 无公害食品豆类蔬菜
161	菜用大豆	毛豆、枝豆、青豆	
162	蚕豆	胡豆、罗汉豆、佛豆、马齿豆	

（续表）

一、种植业产品

序号	产品名称	别名	适用标准
163	菜用豌豆	青元、麦豆	
164	长豇豆	长豆角、带豆、裙带豆	
165	菜豆	四季豆	
166	扁豆	娥眉豆、眉豆、沿篱豆、鹊豆	
167	黎豆	狸豆、虎豆、狗爪豆	
168	红花菜豆	龙爪豆、荷包豆或大白云豆	
169	刀豆	大刀豆、刀鞘豆	
170	四棱豆	翼豆	
171	菜豆	利马豆、棉豆、荷包豆、皇帝豆、玉豆	
172	荷兰豆	软荚豌豆、甜荚豌豆	
173	黑吉豆		
174	其他新鲜或冷藏的豆类蔬菜		
175	速冻刺槐豆荚		
176	速冻菜用大豆		
177	速冻蚕豆		
178	速冻菜用豌豆		
179	速冻长豇豆		
180	速冻菜豆		NY 5195—2002
181	速冻扁豆		无公害食品
182	速冻黎豆		速冻豆类蔬菜
183	速冻红花菜豆		
184	速冻刀豆		
185	速冻四棱豆		
186	速冻菜豆		

（续表）

一、种植业产品

序号	产品名称	别名	适用标准
187	速冻荷兰豆		
188	速冻黑吉豆		
189	其他速冻豆类蔬菜		
190	黄瓜	王瓜、胡瓜、刺瓜、青瓜	
191	冬瓜	东瓜、枕瓜、白冬瓜	
192	中国南瓜	窝瓜、倭瓜、番瓜、南瓜、北瓜、饭瓜	
193	节瓜	毛瓜、毛节瓜、水影瓜	
194	蛇瓜	蛇丝瓜、印度丝瓜、蛇豆	
195	佛手瓜	拳头瓜、隼人瓜、万年瓜、菜肴梨、洋丝瓜、菜苦瓜、合掌瓜	
196	笋瓜	印度南瓜、玉瓜、北瓜	NY 5074—2005 无公害食品 瓜类蔬菜
197	西葫芦	美洲南瓜、角瓜、葫芦瓜、搅瓜、番瓜	
198	越瓜	梢瓜、脆瓜	
199	菜瓜	蛇甜瓜	
200	丝瓜	布瓜、天罗瓜、天丝瓜、天络瓜	
201	苦瓜	凉瓜、哈哈瓜、癞瓜、金荔枝	
202	瓠瓜	瓠子、扁蒲、蒲瓜、夜开花、葫芦	
203	其他新鲜或冷藏的瓜类蔬菜		
204	速冻瓜类蔬菜		NY 5194—2002 无公害食品 速冻瓜类蔬菜
205	菠菜	波斯草、赤根菜	NY 5089—2005 无公害食品 绿叶类蔬菜
206	芹菜	芹、旱芹、药芹菜	
207	叶用莴苣	千金菜	

（续表）

一、种植业产品

序号	产品名称	别名	适用标准
208	莴苣	茎用莴苣、莴苣笋、青笋、莴菜、生笋、莴笋	
209	蕹菜	竹叶菜、空心菜、通心菜	
210	茴香（菜）	小茴香（菜）	
211	苋菜	苋、仁汉菜、米苋菜、棉苋、苋菜梗	
212	马齿苋		
213	芫荽	香菜、香荽、胡荽	
214	叶菾菜	叶甜菜、莙荙菜、牛皮菜、厚皮菜	
215	茼蒿	蓬蒿、蒿子秆、春菊	
216	荠菜	护生草、菱角菜	
217	冬寒菜	冬葵、葵菜、滑肠菜、冬苋菜	
218	落葵	木耳菜、软浆叶、胭脂菜、豆腐菜、软姜子	
219	番杏	新西兰菠菜、夏菠菜	
220	金花菜	黄花苜蓿、南苜蓿、刺苜蓿、草头	
221	紫背天葵	血皮菜、观音苋	
222	罗勒	毛罗勒、兰香	
223	榆钱菠菜	食用滨藜、洋菠菜	
224	薄荷尖	蕃荷菜	
225	菊苣	欧洲菊苣、苞菜、结球菊苣和软化菊苣	
226	鸭儿芹	三叶芹、野蜀葵	
227	紫苏	荏、赤苏	
228	香芹菜	洋芫荽、旱芹菜、荷兰芹	
229	苦苣		
230	菊花脑	路边黄、菊花叶、黄菊仔、菊花菜	

（续表）

一、种植业产品

序号	产品名称	别名	适用标准
231	莳萝	土茴香	
232	甜荬菜		
233	苦荬菜		
234	油荬菜	油麦菜	
235	油菜薹		
236	蒌蒿	蒌蒿薹、芦蒿、水蒿、香艾蒿、小艾、水艾	
237	截儿根	截儿菜、菹菜、鱼腥草、鱼鳞草	
238	食用甘薯叶		
239	食用芦荟	油葱、龙舌草	
240	食用仙人掌		
241	其他新鲜或冷藏的绿叶类蔬菜		
242	韭菜	草钟乳、起阳草、懒人菜、青韭	
243	韭黄		NY 5001—2001 无公害食品 韭菜
244	韭菜花		
245	韭菜苔		
246	洋葱	葱头、圆葱、团葱、球葱、玉葱	NY 5223—2004 无公害食品 洋葱
247	薤	薤头、薤子、三白	
248	大蒜	蒜、蒜头、胡蒜	NY 5227—2004 无公害食品 大蒜
249	蒜薹	蒜苗	
250	青蒜		
251	蒜黄		
252	速冻葱蒜类蔬菜		NY 5192—2002 无公害食品 速冻葱蒜类蔬菜

（续表）

一、种植业产品

序号	产品名称	别名	适用标准
253	速冻绿叶类蔬菜		NY 5185—2002 无公害食品 速冻绿叶类蔬菜
254	马铃薯	土豆、山药蛋、洋芋、地蛋、荷兰薯	
255	山药	大薯、薯蓣、佛掌薯	
256	芋	芋头、芋艿、毛芋	
257	豆薯	沙葛、凉薯、新罗葛、土瓜	
258	草食蚕	螺丝菜、宝塔菜、甘露儿、地蚕	
259	葛	葛根、粉葛	NY 5221—2005 无公害食品 薯芋类蔬菜
260	菜用土圝儿	美洲土圝儿、香芋	
261	蕉芋	蕉藕、姜芋	
262	魔芋	蒟蒻、麻芋、鬼芋	
263	菊芋	洋姜、鬼子姜	
264	生姜	姜、黄姜	
265	其他薯芋类蔬菜		
266	莲藕	藕	
267	茭白	茭瓜、茭笋、菰手	
268	慈菇	茨菰、慈菰	
269	荸荠		
270	莲子		
271	菱角		
272	芡实		
273	豆瓣菜	西洋菜、水蔊菜、水田芥、水芥菜	
274	莼菜	马蹄草、水莲叶	
275	水芹	楚葵	

（续表）

一、种植业产品

序号	产品名称	别名	适用标准
276	蒲菜	香蒲、蒲草、蒲儿菜、草芽	
277	水芋		NY 5238—2005
278	水雍菜		无公害食品
279	其他新鲜或冷藏的水生蔬菜		水生蔬菜
280	竹笋	笋	
281	鲜百合	百合的食用鳞茎	
282	枸杞尖	枸杞头	
283	石刁柏	芦笋	
284	辣根	马萝卜	
285	朝鲜蓟	法国百合、荷花百合、洋蓟、洋百合、菜蓟	
286	襄荷		
287	霸王花		NY 5230—2005
288	食用菊	甘菊、臭菊	无公害食品
289	金针菜	黄花菜、忘忧草、草萱菜、黄花	多年生蔬菜
290	香椿		
291	食用大黄	菜用大黄、圆叶大黄、酸菜	
292	款冬	冬花、款冬花、款花	
293	黄秋葵	秋葵、羊角豆	
294	树仔菜	守宫木、天绿香	
295	刺老鸦	龙牙楤木、虎阳刺、刺龙牙	
296	其他新鲜或冷藏的多年生蔬菜		
297	豌豆苗	豆苗	NY 5317—2006
298	豌豆尖		无公害食品芽类蔬菜

（续表）

一、种植业产品

序号	产品名称	别名	适用标准
299	绿豆芽		
300	黄豆芽		
301	萝卜苗	娃娃萝卜菜、萝卜芽	
302	芽豆	芽蚕豆	
303	种芽香椿		
304	荞麦芽		
305	苜蓿芽		
306	黑豆芽		
307	青豆芽		
308	红豆芽		
309	向日葵芽		
310	其他新鲜或冷藏的芽苗类蔬菜		
311	双孢蘑菇	白蘑菇	
312	滑菇	珍珠菇	
313	黄伞		
314	榆蘑	胶韧革耳、榆耳	
315	香菇	香菌、冬菇、香信、香蕈	
316	平菇		NY 5330—2006 无公害食品 食用菌
317	草菇	苞脚菇、兰花菇，中国蘑菇	
318	金针菇	朴菇、构菌、金菇、毛柄金钱菌	
319	凤尾菇	袖珍菇、秀珍菇	
320	白灵菇	阿魏菇、白灵侧耳、翅鲍菇	
321	杏鲍菇	刺芹侧耳	

（续表）

一、种植业产品

序号	产品名称	别名	适用标准
322	斑玉蕈	真姬菇、蟹味菇、海鲜菇	
323	金顶侧耳	榆黄蘑	
324	鲍鱼侧耳	鲍鱼菇	
325	美味蘑菇	高温蘑菇	
326	大杯伞	猪肚菇、笋菇	
327	小白平菇	小平菇、小百灵	
328	皱环球盖菇	大球盖菇	
329	元蘑	亚侧耳	
330	洛巴口蘑	金福菇	
331	灰树花	栗子蘑	
332	大肥蘑		
333	巴西蘑菇	姬松茸	
334	黑木耳	木耳、云耳	
335	毛木耳	粗木耳	
336	银耳	白木耳、雪耳	
337	金耳	云南黄木耳	
338	地耳		
339	血耳	红耳	
340	竹荪	僧笠蕈、长裙竹荪	
341	猴头菌	猴头菇、阴阳菇、刺猬菌	
342	牛舌菌	牛排菌、猪肝菌、猪舌菌	
343	灵芝	红芝	
344	茯苓		
345	蛹虫草		

（续表）

一、种植业产品

序号	产品名称	别名	适用标准
346	冬虫夏草	虫草、夏草冬虫	
347	食用野生菌 （口蘑、榛蘑、 乳菇、柳钉菇、 松口蘑、牛肝菌、 羊肚菌、鸡油菌、 鸡棕、马鞍菌、 老人头、干巴菌、 青头菌）		
348	其他可食用菌		
349	脱水蔬菜		NY 5184—2002 无公害食品 脱水蔬菜
350	脱水山野菜		
351	青蚕豆		NY 5209—2004 无公害食品 青蚕豆
352	竹笋干		NY 5232—2004 无公害食品 竹笋干
353	干制金针菜		NY 5186—2002 无公害食品 干制金针菜
354	鸡腿菇	姬菇	NY 5246—2004 无公害食品 鸡腿菇
355	茶树菇		NY 5247—2004 无公害食品 茶树菇
356	罐装金针菇		NY 5187—2002 无公害食品 罐装金针菇
357	苹果		NY 5322—2006 无公害食品 仁果类水果
358	梨	秋子梨、白梨、沙梨、洋梨	
359	山楂		

（续表）

一、种植业产品

序号	产品名称	别名	适用标准
360	沙果		
361	海棠果		
362	刺梨		
363	其他仁果类水果		
364	冬枣		NY 5252—2004 无公害食品 冬枣
365	桃		
366	油桃		
367	李子		
368	梅		
369	油柰		
370	杏		NY 5112—2005 无公害食品 落叶核果类果品
371	樱桃		
372	枣		
373	酸枣		
374	稠李		
375	欧李		
376	其他落叶果树核果		
377	核桃		
378	核桃果仁		NY 5307—2005 无公害食品 落叶果树坚果
379	山核桃		
380	山核桃果仁		
381	榛子		

（续表）

一、种植业产品

序号	产品名称	别名	适用标准
382	榛子果仁	扁桃	
383	扁桃		
384	扁桃果仁		
385	白果		
386	白果果仁		
387	板栗		
388	板栗果仁		
389	阿月浑子	开心果	
390	阿月浑子果仁	开心果果仁	
391	其他落叶果树坚果		
392	柿		NY 5241—2004 无公害食品 柿
393	草莓		NY 5103—2002 无公害食品 草莓
394	葡萄		
395	桑椹		
396	无花果		
397	树莓		
398	木莓		
399	黑莓		NY 5086—2005 无公害食品 落叶浆果类果品
400	罗干莓		
401	醋栗		
402	鹅莓		
403	穗醋栗		
404	石榴		

（续表）

一、种植业产品

序号	产品名称	别名	适用标准
405	猕猴桃		
406	越橘		
407	沙棘		
408	酸浆		
409	其他落叶浆果		
410	柑橘		
411	橘		
412	甜橙		
413	酸橙		NY 5014—2005
414	柠檬		无公害食品
415	来檬		柑果类果品
416	柚		
417	金柑	金橘	
418	其他柑橙		
419	香蕉		NY 5021—2001 无公害食品
420	芭蕉		香蕉
421	火龙果		
422	杨桃		
423	枇杷		
424	西番莲	鸡蛋果	NY 5182—2005 无公害食品
425	黄皮		常绿果树浆果 类果品
426	莲雾		
427	蛋黄果		
428	蒲桃		

（续表）

一、种植业产品

序号	产品名称	别名	适用标准
429	番木瓜		
430	人心果		
431	番石榴		
432	其他常绿果树浆果		
433	杨梅	树梅	
434	油梨	鳄梨	
435	芒果		
436	毛叶枣		
437	橄榄		
438	白榄	黄榄	NY 5024—2005 无公害食品 常绿果树核果 类果品
439	乌榄		
440	油橄榄		
441	余甘子		
442	海枣	椰枣	
443	仁面		
444	毛叶枣		
445	其他常绿果树核果		
446	菠萝	凤梨、黄梨	NY 5177—2002 无公害食品 菠萝
447	木菠萝	菠萝蜜、包蜜	
448	面包果		NY 5309—2005 无公害食品 聚复果
449	番荔枝		
450	刺番荔枝		
451	其他聚复果		

（续表）

一、种植业产品

序号	产品名称	别名	适用标准
452	荔枝		NY 5173—2005
453	龙眼		无公害食品 荔枝、龙眼、
454	红毛丹		红毛丹
455	西瓜		
456	厚皮甜瓜	光皮甜瓜、网纹甜瓜、白兰瓜、哈密瓜	NY 5109—2005
457	薄皮甜瓜		无公害食品 西甜瓜类
458	香瓜		
459	枸杞		NY 5248—2004 无公害食品 枸杞
460	果蔗		NY 5308—2005 无公害食品 果蔗
461	腰果		
462	腰果果仁		
463	椰子		
464	槟榔		
465	澳洲坚果		
466	澳洲坚果果仁		NY 5324—2006
467	松子		无公害食品 （常绿果树）
468	松子果仁		坚（壳）果
469	香榧		
470	香榧果仁		
471	巴西胡桃		
472	巴西胡桃果仁		
473	榴莲		

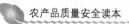

（续表）

一、种植业产品

序号	产品名称	别名	适用标准
474	山竹子		
475	其他（常绿果树）坚（壳）果		
476	酸豆		NY 5321—2006 无公害食品 荚果
477	角豆		
478	苹婆		
479	绿茶		NY 5244—2004 无公害食品 茶叶
480	红茶		
481	青茶		
482	苦丁茶		
483	白茶		
484	黄茶		
485	黑茶		
486	饮用菊花		NY 5119—2002 无公害食品 饮用菊花
487	窨茶用茉莉花		NY 5122—2002 无公害食品 窨茶用茉莉花
488	绿豆粉丝		NY 5188—2002 无公害食品 粉丝
489	蚕豆粉丝		
490	豌豆粉丝		
491	木薯粉丝		
492	马铃薯粉丝		
493	甘薯粉丝		
494	豆腐		NY 5189—2002 无公害食品豆腐

一、种植业产品

序号	产品名称	别名	适用标准
495	辣椒干		NY 5229—2004 无公害食品 辣椒干
496	西瓜籽		
497	西瓜籽仁		
498	西葫芦籽		
499	西葫芦籽仁		NY 5319—2006 无公害食品 瓜子
500	葵花籽		
501	葵花籽仁		
502	南瓜籽		
503	南瓜籽仁		
504	可食茉莉花		
505	可食玫瑰花		
506	可食桅子花		
507	可食菊花	甘菊、金蕊、甜菊花、真菊	
508	可食桂花		
509	可食梨花		
510	可食桃花		NY 5316—2006 无公害食品 可食用花卉
511	可食白兰花		
512	可食荷花	莲、水花	
513	可食山茶花		
514	可食金雀花		
515	可食百合		
516	可食丁香花		
517	可食芙蓉		

（续表）

一、种植业产品

序号	产品名称	别名	适用标准
518	可食月季		
519	可食海棠		
520	可食玉兰花	辛夷	
521	可食霸王花	量天尺花、剑花、霸王鞭	
522	可食大丽花	天竺牡丹、西番莲、大理菊、洋芍药	
523	其他可食用花卉		
524	甜叶菊		NY 5320—2006 无公害食品 甜叶菊
525	人参		NY 5318—2006 无公害食品 参类
526	西洋参		
527	花椒		
528	白胡椒		
529	黑胡椒		
530	八角	大料、大茴香	
531	肉桂		
532	月桂		
533	小茴香		NY 5323—2006 无公害食品 香辛料
534	丁香		
535	孜然		
536	小豆蔻		
537	玉果		
538	甘牛至		
539	留兰香		
540	欧芹		

（续表）

一、种植业产品

序号	产品名称	别名	适用标准
541	多香果	众香果	
542	肉豆蔻		
543	牛至		
544	香草兰	香荚兰	
545	其他香辛料		
546	甜菜		NY 5300—2005 无公害食品甜菜

二、畜牧业产品

序号	产品名称	别名	适用标准
1	羊肉		NY 5147—2002 无公害食品 羊肉
2	肉羊		
3	兔肉		NY 5129—2002 无公害食品 兔肉
4	肉兔		
5	牛肉		NY 5044—2001 无公害食品 牛肉
6	鹿肉		
7	肉牛		
8	驴肉		NY 5271—2004 无公害食品 驴肉
9	马肉		
10	肉驴		
11	猪肝		NY 5146—2002 无公害食品 猪肝
12	猪肉		NY 5029—2001 无公害食品 猪肉
13	生猪		
14	活鸡		NY 5034—2005 无公害食品 禽肉及禽副产品
15	鸡肉		

（续表）

二、畜牧业产品

序号	产品名称	别名	适用标准
16	鸡副产品（头、颈、爪、胗、心、肝、肠、翅尖、骨架、碎皮、碎肉、血）		
17	活鸭		
18	鸭肉		
19	鸭副产品（头、颈、爪、胗、心、肝、肠、翅尖、骨架、碎皮、碎肉、血）		
20	活鹅		
21	鹅肉		
22	鹅副产品（头、颈、掌、碎肉、胗、肝、肠、翅尖、骨架、碎皮）		
23	活火鸡		
24	火鸡肉		
25	火鸡副产品（头、颈、爪、胗、心、肝、肠、翅尖、骨架、碎皮、碎肉）		
26	活鸵鸟		
27	鸵鸟肉		
28	活鹌鹑		
29	鹌鹑肉		
30	活鹧鸪		

（续表）

二、畜牧业产品

序号	产品名称	别名	适用标准
31	鹧鸪肉		
32	活鸽		
33	鸽肉		
34	其他饲养特种活禽		
35	其他饲养特种禽鲜肉		
36	鲜鸡蛋		
37	鸡胚	活珠子	
38	鲜鸭蛋		NY 5039—2005 无公害食品 鲜禽蛋
39	鲜鹅蛋		
40	鲜鸵鸟蛋		
41	鲜鹌鹑蛋		
42	鸽蛋		
43	皮蛋		NY 5143—2002 无公害食品 皮蛋
44	咸鸭蛋		NY 5144—2002 无公害食品 咸鸭蛋
45	生鲜牛乳		NY 5045—2001 无公害食品 生鲜牛乳
46	生鲜羊乳		
47	生鲜马乳		
48	巴氏杀菌乳		NY 5140—2005 无公害食品 液态乳
49	灭菌乳		
50	酸牛奶		NY 5142—2002 无公害食品 酸牛奶

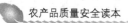

（续表）

二、畜牧业产品

序号	产品名称	别名	适用标准
51	新鲜牛肚		
52	干牛肚		
53	盐渍牛肚		
54	冷冻牛肚		
55	胀发牛肚		NY 5268—2004 无公害食品 毛肚
56	新鲜羊肚		
57	干羊肚		
58	盐渍羊肚		
59	冷冻羊肚		
60	胀发羊肚		
61	蜂蜜		NY 5134—2002 无公害食品蜂蜜
62	蜂王浆		NY 5135—2002 无公害食品 蜂王浆与蜂 王浆冻干粉
63	蜂王浆冻干粉		
64	蜂胶		NY 5136—200 无公害食品 蜂胶
65	蜂花粉		NY 5137—2002 无公害食品 蜂花粉

三、渔业产品

序号	产品名称	别名	适用标准
1	鳜		NY 5166—2002 无公害食品 鳜
2	其他鳜		
3	日本沼虾	青虾	NY 5158—2005 无公害食品 淡水虾
4	罗氏沼虾		

（续表）

三、渔业产品

序号	产品名称	别名	适用标准
5	克氏螯虾		
6	南美白对虾（淡水养殖）		
7	其他淡水虾		
8	团头鲂		
9	三角鲂		NY 5278—2004 无公害食品 团头鲂
10	广东鲂		
11	长春鳊		
12	其他鳊鲂		
13	黄鳝		NY 5168—2002 无公害食品 黄鳝
14	泥鳅		
15	乌鳢		
16	月鳢		NY 5164—2002 无公害食品 乌鳢
17	斑鳢		
18	其他鳢		
19	日本鳗鲡		NY 5068—2001 无公害食品 鳗鲡
20	欧洲鳗鲡		
21	皱纹盘鲍		
22	杂色鲍		NY 5313—2005 无公害食品 鲍
23	九孔鲍		
24	耳鲍		
25	其他鲍类		
26	海带		NY 5056—2005 无公害食品 海藻
27	裙带菜		
28	紫菜		

（续表）

三、渔业产品

序号	产品名称	别名	适用标准
29	麒麟菜		
30	江蓠		
31	羊栖菜		
32	其他海藻		
33	大黄鱼		
34	美国红鱼		
35	鮸鱼		
36	鮸状黄姑鱼		
37	黄姑鱼		NY 5060—2005
38	双棘黄姑鱼		无公害食品
39	浅色黄姑鱼		石首鱼
40	日本黄姑鱼		
41	褐毛鲿		
42	其他石首鱼		
43	斜带石斑鱼		
44	青石斑鱼		
45	点带石斑鱼		NY 5312—2005
46	鲑点石斑鱼		无公害食品
47	赤点石斑鱼		石斑鱼
48	巨型石斑鱼		
49	其他石斑鱼		
50	近江牡蛎		NY 5154—2002
51	褶牡蛎		无公害食品
52	太平洋牡蛎		近江牡蛎

（续表）

三、渔业产品

序号	产品名称	别名	适用标准
53	长牡蛎		
54	其他活牡蛎		
55	锯缘青蟹		NY 5276—2004 无公害食品 锯缘青蟹
56	中华绒螯蟹	河蟹、毛蟹	
57	红螯相手蟹		NY 5064—2005 无公害食品 淡水蟹
58	日本绒螯蟹		
59	直额绒螯蟹		
60	其他淡水蟹		
61	平鲷		
62	白星笛鲷		
63	紫红笛鲷		
64	红鳍笛鲷		
65	花尾胡椒鲷		
66	斜带髭鲷		NY 5311—2005 无公害食品 鲷
67	真鲷		
68	断斑石鲈		
69	黄鳍鲷		
70	胡椒鲷		
71	黑鲷		
72	其他鲷科鱼		
73	三疣梭子蟹		NY 5162—2002 无公害食品 三疣梭子蟹
74	其他海水蟹		

（续表）

三、渔业产品

序号	产品名称	别名	适用标准
75	鲈鱼	花鲈	NY 5272—2004
76	尖吻鲈		无公害食品 鲈鱼
77	缢蛏		
78	大竹蛏		NY 5314—2005
79	长竹蛏		无公害食品 蛏
80	其他海水蛏		
81	海湾扇贝		
82	栉孔扇贝		
83	华贵栉孔扇贝		
84	虾夷扇贝		NY 5062—2001
85	其他扇贝		无公害食品
86	贻贝		海湾扇贝
87	马氏珠母贝		
88	大珠母贝		
89	栉江珧	江珧	
90	中国对虾		
91	长毛对虾		
92	南美白对虾		
93	日本对虾		NY 5058—2006
94	斑节对虾		无公害食品
95	墨吉对虾		海水虾
96	宽沟对虾		
97	刀额新对虾		
98	其他养殖海水虾		

（续表）

三、渔业产品

序号	产品名称	别名	适用标准
99	养殖牛蛙		
100	养殖美国青蛙		NY 5156—2002
101	养殖棘胸蛙		无公害食品
102	养殖林蛙		牛蛙
103	其他养殖蛙		
104	草鱼		
105	青鱼		
106	鲢		
107	鳙		
108	鲮		
109	鲤		NY 5053—2005
110	鲫		无公害食品
111	淡水白鲳		普通淡水鱼
112	加洲鲈	大口黑鲈	
113	罗非鱼		
114	翘嘴红鲌		
115	条纹鲈		
116	其他食用鲤科淡水鱼		
117	泥蚶		
118	毛蚶		NY 5315—2005
119	魁蚶		无公害食品
120	其他活蚶		蚶
121	斑点叉尾鮰		NY 5286—2004
122	云斑叉尾鮰		无公害食品 斑点叉尾鮰

（续表）

三、渔业产品

序号	产品名称	别名	适用标准
123	长吻鮠		
124	黄颡鱼		
125	鮎	鲶	
126	鲻鱼		
127	鲛鱼		NY 5327—2006
128	鲳鲹		无公害食品
129	军曹鱼		鲻科、鲹科、
130	其他同科海水鱼		军曹鱼科海水鱼
131	中华鳖		NY 5066—2006
132	乌龟		无公害食品
133	其他食用龟鳖		龟鳖
134	方斑东风螺		
135	泥螺		
136	红螺		
137	管角螺		
138	细角螺		
139	油螺		NY 5325—2006
140	蝾螺		无公害食品
141	马蹄螺		螺
142	棒锥螺		
143	鹑螺		
144	荔枝螺		
145	田螺		
146	螺蛳		

三、渔业产品

序号	产品名称	别名	适用标准
147	梨型环棱螺		
148	福寿螺		
149	其他螺类		
150	文蛤		
151	青蛤		
152	菲律宾蛤仔		
153	杂色蛤		NY 5288—2006
154	巴非蛤		无公害食品
155	西施舌		蛤
156	四角蛤蜊		
157	其他帘蛤科和蛤蜊科贝类		
158	虹鳟		
159	金鳟		
160	大西洋鲑		
161	红点鲑		NY 5160—2006
162	养殖哲罗鱼		无公害食品
163	养殖细鳞鱼		鲑鳟鲟
164	养殖史氏鲟		
165	养殖俄罗斯鲟		
166	其他养殖鲟鱼		
167	刺参		
168	绿刺参		NY 5328—2006
169	花刺参		无公害食品
170	梅花参		海参

（续表）

三、渔业产品

序号	产品名称	别名	适用标准
171	白底辐肛参		
172	糙海参		
173	其他海参		
174	大菱鲆		
175	牙鲆		
176	大西洋牙鲆		
177	漠斑牙鲆		NY 5152—2006
178	舌鳎		无公害食品
179	庸鲽		鲆鲽鳎
180	圆斑星鲽		
181	石鲽		
182	其他鲆鲽鳎鱼		
183	冻虾仁		SC/T 3110—1996 冻虾仁
184	冻扇贝柱		SC/T 3111—1996 冻扇贝柱
185	冻鳌虾		SC/T 3114—2002 冻鳌虾
186	咸鱼		NY 5291—2004 无公害食品咸鱼
187	干海带		
188	干紫菜		
189	盐渍海带		GB 19643—2005
190	盐渍裙带菜		藻类制品
191	干燥裙带菜		卫生标准
192	其他藻类制品		

（续表）

三、渔业产品

序号	产品名称	别名	适用标准
193	虾米		
194	干贝		
195	淡菜		GB 10144—2005
196	干海参		动物性水产干
197	鱿鱼干		制品卫生标准
198	其他动物性水产干制品		
199	腌制生食动物性水产品		GB 10136—2005 腌制生食动物性水产品卫生标准
200	水发水产品		NY 5172—2002
201	浸泡解冻品		无公害食品
202	浸泡鲜品		水发水产品
203	盐渍海蜇头		NY 5171—2002 无公害食品
204	盐渍海蜇皮		海蜇

附录二 绿色食品标准

绿色食品产品适用标准目录（2013 修订版）

一、种植业产品标准

序号	标准名称	适用产品名称	适用产品别名及说明
1	绿色食品 豆类 NY/T 285—2012	大豆	
		蚕豆	
		豌豆	
		红小豆	赤豆、赤小豆、红豆、小豆
		绿豆	
		菜豆（芸豆）	
		豇豆	
		黑豆	
		饭豆	
		鹰嘴豆	桃豆、鸡豆、鸡头豆、鸡豌豆
		木豆	豆蓉、山豆根、扭豆、三叶豆、野黄豆
		扁豆	蛾眉豆、眉豆
		羽扇豆	
		其他粮用豆类	注：标准中理化要求没有明确的豆类产品按其相关产品标准执行，没有要求的可不检测
2	绿色食品 茶叶 NY/T 288—2012	绿茶	包括各种绿茶及以绿茶为原料的窨制花茶
		红茶	
		青茶（乌龙茶）	
		黄茶	
		白茶	
		黑茶	普洱茶、紧压茶

（续表）

一、种植业产品标准			
序号	标准名称	适用产品名称	适用产品别名及说明
3	绿色食品代用茶 NY/T2140—2012	代用茶	选用可饮用植物的花、叶、果（实）、根茎为原料加工制作的，采用类似茶叶冲泡（浸泡或煮）方式，供人们饮用的产品，分为花类、叶类、果类、根茎类和混合类
4	绿色食品咖啡 NY/T 289—2012	生咖啡	咖啡鲜果经干燥脱壳处理所得产品
		焙炒咖啡豆	生咖啡经焙炒所得产品
		咖啡粉	焙炒咖啡豆磨碎后的产品
			注：不适用于脱咖啡因咖啡和速溶型咖啡
5	绿色食品玉米及玉米制品 NY/T 418—2007	玉米	玉蜀黍、大蜀黍、棒子、苞米、苞谷、玉菱、玉麦、六谷、芦黍和珍珠米
		鲜食玉米	包括甜玉米、糯玉米
		速冻玉米	包括速冻甜玉米、速冻糯玉米（同时适用于生、熟产品）
		笋玉米	
		玉米碴子	玉米糁、玉米仁
		玉米面	玉米粉、苞米面、棒子面
		玉米罐头	包括玉米笋罐头、玉米粒罐头
		玉米饮料	
6	绿色食品大米 NY/T 419—2007	籼米	
		粳米	
		籼糯米	
		粳糯米	
		蒸谷米	
		胚芽米	
		黑米	
		强化营养米	
		糙米	质量要求应执行《糙米》（GB/T 18810—2002）三等品以上要求

（续表）

一、种植业产品标准			
序号	标准名称	适用产品名称	适用产品别名及说明
7	绿色食品 花生及制品 NY/T 420—2009	食用花生 （果、仁）	
		油用花生 （果、仁）	
		煮花生 （果、仁）	
		烤花生 （果、仁）	
		油炸花生仁	
		咸干花生 （果、仁）	
		裹衣花生	包括淀粉型、糖衣型、混合型
		花生类糖制品	以花生仁、糖为主要原料，添加适量果仁或 其他辅料制成的花生类糖制品，包括酥松型、 酥脆型、半软质型和蛋酥型
		花生蛋白粉	
		花生组织蛋白	
		花生酱	包括纯花生酱、稳定型花生酱、颗粒型花生酱
8	绿色食品 柑橘类水果 NY/T 426—2012	宽皮柑橘类鲜果	
		甜橙类鲜果	
		柚类鲜果	
		柠檬类鲜果	
		金柑类鲜果	
		杂交柑橘类鲜果	
9	绿色食品 西甜瓜 NY/T 427—2007	薄皮甜瓜	普通甜瓜、中国甜瓜，包括白皮、 黄皮、红皮、绿皮、黑皮甜瓜等
		厚皮甜瓜	包括光皮甜瓜和网纹甜瓜，如白兰瓜、 哈密瓜等
		西瓜	包括普通西瓜、籽用西瓜（打瓜）、 无籽西瓜及用于腌制或育种的小西瓜等

（续表）

一、种植业产品标准

序号	标准名称	适用产品名称	适用产品别名及说明
10	绿色食品 白菜类蔬菜 NY/T 654—2012	结球白菜	大白菜、黄芽菜
		普通白菜 （小白菜）	青菜、小油菜
		乌塌菜	黑菜、塌棵菜、太古菜、瓢儿菜、乌金白
		紫菜薹	红菜薹、红油菜薹
		菜薹（心）	菜心、薹心菜、绿菜薹
		薹菜	青菜
		其他白菜类蔬菜	
11	绿色食品 茄果类蔬菜 NY/T 655—2012	番茄	西红柿、洋柿子、番柿、柿子、火柿子
		樱桃番茄	洋小柿子、小西红柿
		茄子	古名伽、落苏、酪酥、昆仑瓜、小菰、紫膨亨
		辣椒	番椒、海椒、秦椒、辣茄、辣子
		甜椒	青椒、菜椒
		酸浆	红姑娘、灯笼草、洛神珠、洋姑娘、酸浆番茄
		香瓜茄	南美香瓜梨、人参果、香艳茄
		树番茄	木番茄、木立番茄
		少花龙葵	天茄子、老鸦酸浆草、 光果龙葵、乌子菜、乌茄子
		其他新鲜或冷藏的 茄果类蔬菜	
12	绿色食品 绿叶类蔬菜 NY/T 743—2012	菠菜	波斯草、赤根菜、角菜、红根菜
		芹菜	芹、旱芹、药芹、野圆荽、塘蒿、苦堇
		落葵	木耳菜、软浆叶、胭脂菜、藤菜
		莴苣	生菜、千斤菜
		莴笋	莴苣笋、青笋、莴菜
		油麦菜	
		雍菜	竹叶菜、空心菜、通菜
		小茴香	土茴香、洋茴香
		球茎茴香	结球茴香、意大利茴香、甜茴香
		苋菜	苋、米苋
		青葙	土鸡冠、青箱子、野鸡冠
		芫荽	香菜、胡荽、香荽
		叶菾菜	莙荙菜、厚皮菜、牛皮菜、火焰菜

（续表）

一、种植业产品标准

序号	标准名称	适用产品名称	适用产品别名及说明
12	绿色食品绿叶类蔬菜 NY/T 743—2012	大叶茼蒿	板叶茼蒿、菊花菜、大花茼蒿、大叶蓬蒿
		茼蒿	蒿子秆、蓬蒿、春菊
		荠菜	护生草、菱角草、地米菜
		冬寒菜	冬葵、葵菜、滑肠菜、葵、滑菜、冬苋菜、露葵
		番杏	新西兰菠菜、洋菠菜、夏菠菜、毛菠菜
		菜苜蓿	黄花苜蓿、南苜蓿、刺苜蓿、草头、菜苜蓿
		紫背天葵	血皮菜、观音苋、红凤菜
		榆钱菠菜	食用滨藜、洋菠菜、山菠菜、法国菠菜
		鸭儿芹	三叶芹、野蜀葵、山芹菜
		芽球菊苣	欧洲菊苣、苞菜
		苦苣	花叶生菜、花苣、菊苣菜
		苦荬菜	取麻菜、苦苣菜
		苦苣菜	秋苦苣菜、盘儿菜
		菊花脑	路边黄、菊花叶、黄菊仔、菊花菜
		酸模	山菠菜、野菠菜、酸溜溜
		独行菜	家独行菜、胡椒菜、麦秸草、英菜、辣椒菜
		珍珠菜	野七里香、角菜、白苞菜、珍珠花
		芝麻菜	火箭生菜、臭菜
		白花菜	羊角菜、凤蝶菜
		菜用黄麻	斗鹿、莫洛海芽、甜麻、埃及野麻婴、埃及锦葵
		土人参	假人参、参仔叶、珊瑚花、土高丽参、土洋参
		藤三七	落葵薯、类藤菜、马地拉 落葵、川七、洋落葵、云南白菜
		香芹菜	洋芫荽、旱芹菜、荷兰芹、欧洲没药
		根香芹菜	根用香芹
		罗勒	九层塔、光明子、寒陵香、零陵香
		薄荷	番荷菜、接骨菜、苏薄荷、仁丹草
		荆芥	猫食草
		薰衣草	腊芬菜、拉文达香草
		迷迭香	万年志、艾菊
		鼠尾草	来路花、乌草、秋丹参、消炎草
		百里香	麝香草、麝香菜
		牛至	五香草、马脚兰、滇香薷、白花茵陈、花薄荷

（续表）

一、种植业产品标准

序号	标准名称	适用产品名称	适用产品别名及说明
12	绿色食品 绿叶类蔬菜 NY/T 743—2012	香蜂花	香美利
		香茅	柠檬草、柠檬茅、芳香草、大风草
		琉璃苣	滨来香菜
		藿香	合香、山茴香、山薄荷、土藿香
		紫苏	荏、赤苏、白苏、回回苏
		芸香	香草
		莳萝	土茴香、洋茴香、茴香草
		马齿苋	五行草、瓜子菜、长命菜
		蒌蒿	蒌蒿薹、芦蒿、水蒿、香艾蒿、小艾、水艾
		蕺菜	蕺儿菜、菹菜、鱼腥草、鱼鳞草
		食用芦荟	油葱、龙舌草
		食用仙人掌	
		食用甘薯叶	
		其他新鲜或冷藏 的绿叶类蔬菜	
13	绿色食品 葱蒜类蔬菜 NY/T 744—2012	韭菜	草钟乳、起阳草、懒人草
		大葱	水葱、青葱、木葱、汉葱
		洋葱	葱头、圆葱
		分蘖洋葱	株葱、分蘖葱头、冬葱
		顶球洋葱	顶葱头、橹葱、埃及葱头
		大蒜	蒜、胡蒜、蒜子
		蒜苗	
		蒜黄	
		薤	藠头、藠子、荞头
		韭葱	扁葱、扁叶葱、洋蒜苗、洋大蒜
		细香葱	四季葱、香葱、细葱
		分葱	四季葱、菜葱、冬葱、红葱头
		胡葱	火葱、蒜头葱、瓣子葱
		楼葱	龙爪葱、龙角葱
		其他新鲜或冷藏 的葱蒜类蔬菜	

（续表）

一、种植业产品标准

序号	标准名称	适用产品名称	适用产品别名及说明
14	绿色食品根菜类蔬菜 NY/T 745—2012	萝卜	莱菔、芦菔、葵、地苏、萝卜
		四季萝卜	小萝卜
		胡萝卜	红萝卜、黄萝卜、番萝卜、丁香萝卜、赤珊瑚、黄根
		芜菁	蔓菁、圆根、盘菜、九英菘
		芜菁甘蓝	洋蔓菁、洋大头菜、洋疙瘩、根用甘蓝、瑞典芜菁
		美洲防风	芹菜萝卜、蒲芹萝卜
		根甜菜	红菜头、紫菜头、火焰菜
		婆罗门参	西洋牛蒡、西洋白牛蒡
		黑婆罗门参	鸦葱、菊牛蒡、黑皮牡蛎菜
		牛蒡	大力子、蝙蝠刺、东洋萝卜
		桔梗	道拉基、和尚头、铃铛花
		山葵	瓦萨比、山姜、泽葵、山嵛菜
		根芹菜	根用芹菜、根芹、根用塘蒿、旱芹菜根
		其他新鲜或冷藏的根菜类蔬菜	
15	绿色食品甘蓝类蔬菜 NY/T 746—2012	结球甘蓝	洋白菜、包菜、圆白菜、卷心菜、椰菜、包心菜、茴子菜、莲花白、高丽菜
		赤球甘蓝	红玉菜、紫甘蓝、红色高丽菜
		抱子甘蓝	芽甘蓝、子持甘蓝
		皱叶甘蓝	缩叶甘蓝
		羽衣甘蓝	绿叶甘蓝、叶牡丹、花苞菜
		花椰菜	花菜、菜花
		青花菜	绿菜花、意大利芥蓝、木立花椰菜、西兰花、嫩茎花椰菜
		球茎甘蓝	苤蓝、擘蓝、松根、玉蔓箐、芥蓝头
		芥蓝	白花芥蓝
		其他新鲜或冷藏的甘蓝类蔬菜	

（续表）

一、种植业产品标准

序号	标准名称	适用产品名称	适用产品别名及说明
16	绿色食品 瓜类蔬菜 NY/T 747—2012	黄瓜	胡瓜、王瓜、青瓜、刺瓜
		冬瓜	枕瓜、水芝、东瓜
		节瓜	节冬瓜、毛瓜
		南瓜	倭瓜、番瓜、饭瓜、中国南瓜、窝瓜
		笋瓜	印度南瓜、玉瓜、北瓜
		西葫芦	美洲南瓜、角瓜、西洋南瓜、白瓜
		飞碟瓜	碟形西葫芦
		越瓜	梢瓜、脆瓜、酥瓜
		菜瓜	蛇甜瓜、酱瓜、老羊瓜
		普通丝瓜	水瓜、蛮瓜、布瓜
		有棱丝瓜	棱角丝瓜
		苦瓜	凉瓜、锦荔枝
		癞苦瓜	癞荔枝、癞葡萄、癞蛤蟆
		瓠瓜	扁蒲、蒲瓜、葫芦、夜开花
		蛇瓜	蛇丝瓜、蛇王瓜、蛇豆
		佛手瓜	瓦瓜、拳手瓜、万年瓜、 隼人瓜、洋丝瓜、合掌瓜、菜肴梨
		其他新鲜或冷藏 的瓜类蔬菜	
17	绿色食品 豆类蔬菜 NY/T 748—2012	菜豆	四季豆、芸豆、玉豆、豆角、 芸扁豆、京豆、敏豆
		多花菜豆	龙爪豆、大白芸豆、荷包豆、红花菜豆
		长豇豆	豆角、长豆角、带豆、筷豆、长荚豇豆、
		扁豆	峨眉豆、眉豆、沿篱豆、鹊豆、龙爪豆
		莱豆	利马豆、雪豆、金甲豆、棉豆、荷包豆、 白豆、观音豆
		蚕豆	胡豆、罗汉豆、佛豆、寒豆
		刀豆	大刀豆、关刀豆、菜刀豆
		豌豆	回回豆、荷兰豆、麦豆、青斑豆、麻豆、青小豆
		食荚豌豆	荷兰豆
		四棱豆	翼豆、四稔豆、杨桃豆、四角豆、热带大豆
		菜用大豆	毛豆、枝豆
		藜豆	狸豆、虎豆、狗爪豆、八升豆、毛毛豆、毛胡豆

（续表）

一、种植业产品标准

序号	标准名称	适用产品名称	适用产品别名及说明
17	绿色食品豆类蔬菜 NY/T 748—2012	其他新鲜或冷藏的豆类蔬菜	
18	绿色食品食用菌 NY/T 749—2012	香菇	香蕈、冬菇、香菌
		草菇	美味苞脚菇、兰花菇、秆菇、麻菇
		平菇	青蘑、北风菌、桐子菌
		杏鲍菇	干贝菇、杏仁鲍鱼菇
		白灵菇	阿魏菇、百灵侧耳、翅鲍菇
		双孢蘑菇	洋蘑菇、白蘑菇、蘑菇、洋菇、双孢菇
		杨树菇	柱状田头菇、茶树菇、茶薪菇、柳松蘑、柳环菌
		松茸	松蘑、松蕈、鸡丝菌
		金针菇	冬菇、毛柄金钱菇、朴菇、朴菰
		黑木耳	光木耳、云耳、粗木耳、白背木耳、黄背木耳
		银耳	白木耳、雪耳
		金耳	称黄木耳、金黄银耳、黄耳、脑耳
		猴头菇	刺猬菌、猴头蘑、猴头菌
		灰树花	贝叶多孔菌、莲花菌、云蕈、栗蕈、千佛菌、舞茸
		竹荪	僧竺蕈、竹参、竹笙、网纱菌
		口蘑	白蘑、蒙古口蘑
		羊肚菌	羊肚子、羊肚菜、美味羊肚菌
		鸡腿菇	毛头鬼伞
		毛木耳	
		榛蘑	蜜环菌、蜜色环蕈、蜜蘑、栎蘑、根索蕈、根腐蕈
		鸡油菌	鸡蛋黄菌、杏菌
		虫草	
		灵芝	
		其他食用菌鲜品和干品	干品包括压缩食用菌、颗粒食用菌
		食用菌粉	
		人工培养的食用菌菌丝体及其菌丝粉	

（续表）

一、种植业产品标准

序号	标准名称	适用产品名称	适用产品别名及说明
19	绿色食品 薯芋类蔬菜 NY/T 1049—2006	马铃薯	土豆、山药蛋、洋芋、地蛋、荷兰薯
		生姜	姜、黄姜
		魔芋	蒟蒻、蒟芋、蒟头、磨芋、蛇头草、 花秆莲、麻芋子
		山药	大薯、薯蓣、佛手薯
		豆薯	沙葛、凉薯、新罗葛、土瓜
		菊芋	洋姜、鬼子姜
		草食蚕	螺丝菜、宝塔菜、甘露儿、地蚕
		蕉芋	蕉藕、姜芋
		葛	葛根、粉葛
		菜用土圞儿	美洲土圞儿、香芋
		甘薯	山芋、地瓜、蕃薯、红苕
		木薯	
		菊薯	雪莲果、雪莲薯、地参果
		其他新鲜或冷藏 的薯芋类蔬菜	
20	绿色食品 芥菜类蔬菜 NY/T 1324—2007	根芥菜	大头菜、疙瘩菜、芥菜头、春头、生芥
		叶芥菜	包心芥、辣菜、苦菜、石榴红，不包括雪里蕻， 包括散叶芥菜和结球芥菜
		茎芥菜	青菜头、羊角菜
		薹芥菜	
		子芥菜	蛮油菜、辣油菜、大油菜
		分蘖芥	雪里蕻、雪菜、毛芥菜、紫菜英
		抱子芥	四川儿菜、芽芥菜
		其他新鲜或冷藏 的芥菜类蔬菜	
21	绿色食品 芽苗类蔬菜 NY/T 1325—2007	绿豆芽	
		黄豆芽	
		黑豆芽	
		蚕豆芽	
		红小豆芽	
		豌豆芽	
		花生芽	

（续表）

一、种植业产品标准			
序号	标准名称	适用产品名称	适用产品别名及说明
21	绿色食品 芽苗类蔬菜 NY/T 1325—2007	苜蓿芽	
		小扁豆芽	
		萝卜芽	
		菘蓝芽	
		沙芥芽	
		芥菜芽	
		芥兰芽	
		白菜芽	
		独行菜芽	
		香椿种芽	
		向日葵芽	
		荞麦芽	
		胡椒芽	
		胡麻芽	
		蕹菜芽	
		芝麻芽	
		其他新鲜或冷藏 的芽苗类蔬菜	
22	绿色食品 多年生蔬菜 NY/T 1326—2007	鲜百合	指供食用鳞茎
		枸杞尖	枸杞头
		石刁柏	芦笋、龙须菜
		辣根	马萝卜
		朝鲜蓟	法国百合、荷花百合、洋蓟、洋百合、菜蓟
		蘘荷	
		食用菊	甘菊、臭菊
		黄花菜	金针菜、黄花、萱草
		霸王花	剑花、量天尺
		食用大黄	丸叶大黄、大黄、酸菜
		黄秋葵	黄葵、食香槿、秋葵、黄蜀葵、假三念、 美国豆、羊角豆、阿华田
		款冬	冬花
		蕨菜	龙头菜、蕨儿菜
		其他多年生蔬菜	不包括树芽香椿

（续表）

一、种植业产品标准

序号	标准名称	适用产品名称	适用产品别名及说明
23	绿色食品 水生蔬菜 NY/T 1405—2007	茭白	茭瓜、茭笋、菰手
		慈菇	茨菰、慈菰
		菱	
		荸荠	
		芡实	
		水蕹菜	
		豆瓣菜	西洋菜、水蔊菜、水田芥、水芥菜
		水芹	楚葵
		莼菜	马蹄草、水莲叶
		蒲菜	香蒲、蒲草、蒲儿菜；包括草芽
		莲子米	
		水芋	
		其他水生类蔬菜	不包括莲藕及制品
24	绿色食品 食用花卉 NY/T 1506—2007	茉莉花	
		桂花	
		玫瑰花	
		栀子花	
		白兰花	
		荷花	
		山茶花	
		菊花	
		金雀花	
		苦刺花	
		丁香花	
		梨花	
		桃花	
		百合花	
		芙蓉花	
		海棠花	
		月季花	
		金银花	
		其他可食用花卉	包括鲜品和干品，用作代用茶 的花卉产品执行《绿色食品 代用茶》标准

（续表）

一、种植业产品标准

序号	标准名称	适用产品名称	适用产品别名及说明
25	绿色食品热带、亚热带水果 NY/T 750—2011	荔枝	
		龙眼	
		香蕉	
		菠萝	
		芒果	
		枇杷	
		黄皮	
		番木瓜	木瓜、番瓜、万寿果、乳瓜、石瓜
		番石榴	
		杨梅	
		杨桃	
		橄榄	
		红毛丹	
		毛叶枣	印度枣、台湾青枣
		莲雾	天桃、水蒲桃、洋蒲桃
		人心果	吴凤柿、赤铁果、奇果
		西番莲	鸡蛋果、受难果、巴西果、百香果、藤桃
		山竹	
		火龙果	
		菠萝蜜	
		番荔枝	洋波罗、佛头果
		青梅	
26	绿色食品温带水果 NY/T 844—2010	苹果	
		梨	
		桃	
		草莓	
		山楂	
		奈子	俗称沙果，别名文林果、花红果、林檎、五色来、联珠果
		越橘	蓝莓，别名笃斯、都柿、甸果等
		无花果	映日果、奶浆果、蜜果等
		树莓	覆盆子、悬钩子、野莓、乌藨（biao）子
		桑葚	桑果、桑枣

（续表）

一、种植业产品标准

序号	标准名称	适用产品名称	适用产品别名及说明
26	绿色食品 温带水果 NY/T 844—2010	猕猴桃 葡萄 樱桃 枣 杏 李 柿 石榴 其他温带水果	不包括西甜瓜产品
27	绿色食品 大麦 NY/T 891—2004	啤酒大麦 裸大麦	元麦、米麦、青稞
28	绿色食品 燕麦 NY/T 892—2004	莜麦 裸燕麦	不适用于带壳燕麦
29	绿色食品 粟米 NY/T 893—2004	粟米 黍米	小米 大黄米、黄米、软黄米
30	绿色食品 荞麦 NY/T 894—2004	荞麦 荞麦米	乌麦、花荞、甜荞、荞子、胡荞麦 注：适用于苦荞产品，苦荞产品检测时，标准中"苦荞"项目不作检测，"容重"项目不作为判定依据
31	绿色食品 高粱 NY/T 895—2004	食用高粱 酿造用高粱 高粱米	蜀黍、秫秫、芦粟、荻子
32	绿色食品 香辛料及 其制品 NY/T 901—2011	菖蒲 蒜 高良姜 豆蔻 香豆蔻 香草 砂仁 莳萝、土茴香	食用部分：根茎 食用部分：鳞茎 食用部分：根、茎 食用部分：果实、种子 食用部分：果实、种子 食用部分：果实 食用部分：果实 食用部分：果实、种子

（续表）

一、种植业产品标准

序号	标准名称	适用产品名称	适用产品别名及说明
		圆叶当归	食用部分：果、嫩枝、根
		辣根	食用部分：根
		黑芥籽	食用部分：果实
		龙蒿	食用部分：叶、花序
		刺山柑	食用部分：花蕾
		葛缕子	食用部分：果实
		桂皮、肉桂	食用部分：树皮
		阴香	食用部分：树皮
		大清桂	食用部分：树皮
		芫荽	食用部分：种子、叶
		枯茗	俗称　孜然，食用部分：果实
		姜黄	食用部分：根、茎
		香茅	食用部分：叶
		枫茅	食用部分：叶
	绿色食品	小豆蔻	食用部分：果实
	香辛料及	阿魏	食用部分：根、茎
32	其制品	小茴香	食用部分：果实、梗、叶
	NY/T	甘草	食用部分：根
	901—2011	八角	大料、大茴香、五香八角，食用部分：果实
		刺柏	食用部分：果实
		山奈	食用部分：根、茎
		木姜子	食用部分：果实
		月桂	食用部分：叶
		薄荷	食用部分：叶、嫩芽
		椒样薄荷	食用部分：叶、嫩芽
		留兰香	食用部分：叶、嫩芽
		调料九里香	食用部分：叶
		肉豆蔻	食用部分：假种皮、种仁
		甜罗勒	食用部分：叶、嫩芽
		甘牛至	食用部分：叶、花序
		牛至	食用部分：叶、花
		欧芹	食用部分：叶、种子
		多香果	食用部分：果实、叶

（续表）

一、种植业产品标准

序号	标准名称	适用产品名称	适用产品别名及说明
32	绿色食品香辛料及其制品 NY/T 901—2011	筚拨	食用部分：果实
		黑胡椒、白胡椒	食用部分：果实
		迷迭香	食用部分：叶、嫩芽
		白欧芥	食用部分：种子
		丁香	食用部分：花蕾
		罗晃子	食用部分：果实
		蒙百里香	食用部分：嫩芽、叶
		百里香	食用部分：嫩芽、叶
		香旱芹	食用部分：果实
		葫芦巴	食用部分：果实
		香荚兰	食用部分：果荚
		花椒	食用部分：果实，适用于保鲜花椒产品，水分指标不作为判定依据
		姜	食用部分：根、茎
		其他干制香辛料	注：上述香辛料产品除特殊说明外，均只适用于干制品；本标准不适用于辣椒及其制品
		即食香辛料调味粉	干制香辛料经研磨和灭菌等工艺过程加工而成的，可供即食的粉末状产品
33	绿色食品黑打瓜籽 NY/T 429—2000	黑打瓜籽	
34	绿色食品瓜子 NY/T 902—2004	黑瓜子	
		白瓜子	南瓜子
		葵花子	
		红瓜子	
		其他瓜子	
35	绿色食品坚果 NY/T 1042—2006	核桃	胡桃
		山核桃	
		松子	
		榛子	山板栗、尖栗、槌子
		杏仁	
		腰果	鸡腰果、介寿果、槚如树
		白果	银杏核、公孙树子、鸭脚树子

（续表）

一、种植业产品标准

序号	标准名称	适用产品名称	适用产品别名及说明
35	绿色食品 坚果 NY/T 1042—2006	开心果	阿月浑子、无名子
		香榧	
		巴西胡桃	
		槟榔	
		板栗	包括保鲜板栗和速冻板栗
		扁桃	巴旦杏
		芡实（米）	鸡头米、鸡头苞、鸡头莲、刺莲藕
		莲子	莲肉、莲米
		菱角	芰，水栗子
		其他鲜或干的坚果	包括去壳坚果产品
		经蒸煮工艺加工熟制的上述坚果	除执行《绿色食品　坚果》外，微生物要求还应符合《绿色食品　烘炒食品》（NY/T 1889—2010）标准要求
36	绿色食品 人参和西洋参 NY/T 1043—2006	人参粉	
		人参片	
		红参	
		生晒参	
		人参须	
		活性参	
		人参茎叶	
		保鲜参	
		人参蜜片	
		西洋参	
37	绿色食品 枸杞 NY/T 1051—2006	西洋参片	由原皮西洋参直接切制，不添加任何辅料
		枸杞干果	

二、畜禽产品标准

序号	标准名称	适用产品名称	适用产品别名及说明
38	绿色食品 乳制品 NY/T657—2012	液态乳	包括生乳、巴氏杀菌乳、灭菌乳、调制乳
		发酵乳	包括发酵乳和风味发酵乳
		炼乳	包括淡炼乳、加糖炼乳和调制炼乳
		乳粉	包括乳粉和调制乳粉
		干酪	包括软质干酪、半软质干酪、硬质干酪、特硬质干酪

（续表）

二、畜禽产品标准

序号	标准名称	适用产品名称	适用产品别名及说明
38	绿色食品乳制品 NY/T657—2012	再制干酪 奶油	包括稀奶油、奶油和无水奶油 注：不适用于乳清制品、婴幼儿 配方奶粉和人造奶油
39	绿色食品蜂产品 NY/T752—2012	蜂蜜 蜂王浆 蜂王浆冻干粉 蜂花粉	注：本标准不适用于蜂胶、蜂蜡及其制品
40	绿色食品禽肉 NY/T753—2012	鲜、冷却或冻胴体禽 鲜、冷却或冻分割禽	适用于活禽申报产品的胴体， 活禽产品的内脏部分参见序号43说明 不包括禽内脏、禽骨架
41	绿色食品蛋及蛋制品 NY/T754—2011	鲜蛋 皮蛋 卤蛋 咸蛋 咸蛋黄 糟蛋 巴氏杀菌冰全蛋 冰蛋黄 冰蛋白 巴氏杀菌全蛋粉 蛋黄粉 蛋白片 巴氏杀菌全蛋液 巴氏杀菌蛋白液 巴氏杀菌蛋黄液 鲜全蛋液 鲜蛋白液 鲜蛋黄液	包括生、熟咸蛋制品
42	绿色食品肉及肉制品 NY/T843—2009	生鲜、冷却或冷冻胴体畜肉	适用于活畜申报产品的胴体，活畜产品的内脏部分参见序号43说明

（续表）

二、畜禽产品标准

序号	标准名称	适用产品名称	适用产品别名及说明
42	绿色食品肉及肉制品 NY/T 843—2009	生鲜、冷却或冷冻分割畜肉	不包括辐照畜禽肉、畜禽内脏及制品
		腌腊肉制品—咸肉类	包括腌咸肉、酱封肉、板鸭等
		腌腊肉制品—腊肉类	包括腊猪肉、腊牛肉、腊羊肉、腊鸡、腊鸭、腊兔、腊乳猪等
		腌腊肉制品—中、西式火腿类	包括金华火腿、如皋火腿、宣威火腿、发酵火腿等
		腌腊肉制品—腊肠类	包括腊肠、风干肠、枣肠、南肠、香肚、发酵香肠等
		腌腊肉制品—风干肉类	包括风干牛肉、风干羊肉、风干鸡等
		酱卤肉制品—卤肉类	包括盐水鸭、嫩卤鸡、白煮羊头、肴肉等。熏烤肉（培根、熏鸡）、烧烤肉制品（烤鸭、烤乳猪、烧鸡、叫花鸡、叉烧鸡、烤羊肉串、烧羊肉）等
		酱卤肉制品—酱肉类	包括酱肘子、酱牛肉、酱鸭、扒鸡等
		熏烧烤肉制品—熏烤肉类	包括烤鸭、烤乳猪、熏鸡、烤羊肉等
		熏烧烤肉制品—熟培根类	包括五花培根、通脊培根等
		熏煮香肠火腿制品—熏煮香肠	包括火腿肠、烤肠、红肠、茶肠、泥肠、淀粉肠、小肚等
		熏煮香肠火腿制品—熏煮火腿	包括通脊烤肉、圆火腿、三文治火腿、挤压火腿、田园火腿、庄园火腿、澳洲烤肉
		肉干制品—肉干	包括牛肉干、猪肉干、灯影牛肉等
		肉干制品—肉松	包括猪肉松、牛肉松、鸡肉松等
		肉干制品—肉脯	包括猪肉脯、牛肉脯、肉糜脯等
		肉类罐头	不包括内脏类肉罐头

（续表）

二、畜禽产品标准

序号	标准名称	适用产品名称	适用产品别名及说明
43	绿色食品畜禽可食用副产品 NY/T 1513—2007	畜禽可食用的生鲜副产品 畜禽可食用的熟副产品	畜（猪、牛、羊、兔等）禽（鸡、鸭、鹅、鸽、雀等）的舌、肾、肝、肚、肠、心、肺、腌等可食用的生鲜食品。适用于活畜禽申报产品的内脏部分 以生鲜畜禽副产品经酱、卤熏、烤、腌、蒸、煮等任何一种或多种加工方法制成的直接可食用的制品

三、渔业产品标准

序号	标准名称	适用产品名称	适用产品别名及说明
44	绿色食品虾 NY/T 840—2012	活虾 鲜虾 速冻生虾 速冻熟虾	包括冻全虾、去头虾、带尾虾和虾仁
45	绿色食品蟹 NY/T 841—2012	淡水蟹活品 海水蟹活品 海水蟹冻品	包括冻梭子蟹、冻切蟹、冻蟹肉
46	绿色食品鱼 NY/T 842—2012	活鱼 鲜鱼 去内脏冷冻的初加工鱼产品	包括淡水、海水产品 包括淡水、海水产品 包括淡水、海水产品
47	绿色食品龟鳖类 NY/T 1050—2006	中华鳖 黄喉拟水龟 三线闭壳龟 红耳龟 鳄龟 其他淡水养殖的食用龟鳖	甲鱼、团鱼、王八、元鱼 金钱龟、金头龟、红肚龟 巴西龟、巴西彩龟、秀丽锦龟、彩龟 肉龟、小鳄龟、小鳄鱼龟 不包括非人工养殖的野生龟鳖
48	绿色食品海水贝 NY/T 1329—2007	牡蛎活体和冻品 扇贝活体和冻品 蛤贝活体和冻品 蛤活体和冻品 蚶活体和冻品 鲍活体和冻品 螺活体和冻品 蚬活体和冻品	蛏活体和冻品

（续表）

三、渔业产品标准

序号	标准名称	适用产品名称	适用产品别名及说明
48	绿色食品海水贝 NY/T 1329—2007		注：冻品包括煮熟冻品
49	绿色食品海参及制品 NY/T 1514—2007	活海参 盐渍海参 干海参 即食海参 海参液	
50	绿色食品海蜇及制品 NY/T 1515—2007	盐渍海蜇皮 盐渍海蜇头 即食海蜇	
51	绿色食品蛙类及制品 NY/T 1516—2007	活蛙 鲜蛙体 蛙类干产品 蛙类冷冻产品 林蛙油	包括牛蛙、虎纹蛙、棘胸蛙、林蛙、美蛙等可供人们安全食用的养殖蛙类
52	绿色食品藻类及其制品 NY/T 1709—2011	干海带 盐渍海带 即食海带 干紫菜 即食紫菜 干裙带菜 盐渍裙带菜 即食裙带菜 螺旋藻粉 螺旋藻片 螺旋藻胶囊	

四、加工产品标准

序号	标准名称	适用产品名称	适用产品别名及说明
53	绿色食品啤酒 NY/T 273—2012	淡色啤酒 浓色啤酒	色度 2~14 EBC 的啤酒 色度 15~40 EBC 的啤酒

（续表）

三、渔业产品标准

序号	标准名称	适用产品名称	适用产品别名及说明
53	绿色食品啤酒 NY/T 273—2012	黑色啤酒	色度大于等于 41 EBC 的啤酒
		特种啤酒	包括干啤酒、低醇啤酒、小麦啤酒、浑浊啤酒、冰啤酒。特种啤酒的理化指标除特征指标外，其他理化指标应符合相应啤酒（淡色、浓色、黑色啤酒）要求
54	绿色食品葡萄酒 NY/T 274—2004	平静葡萄酒	20℃时，二氧化碳压力小于 0.05MPa 的葡萄酒，含糖量分为干、半干、半甜、甜 4 种类型
		低泡葡萄酒	按含糖量分为干、半干、半甜、甜 4 种类型
		高泡葡萄酒	按含糖量分为天然、绝干、干、半干、甜 5 种类型
55	绿色食品小麦及小麦粉 NY/T 421—2012	小麦	
		小麦粉	亦称面粉。小麦加工成的粉状产品。按其品质特性，可分为强筋小麦粉、中筋小麦粉、弱筋小麦粉和普通小麦粉等
		全麦粉	保留全部或部分麦皮的小麦粉
56	绿色食品食用糖 NY/T 422—2006	白砂糖	
		绵白糖	
		单晶体冰糖	
		多晶体冰糖	
		方糖	
57	绿色食品果（蔬）酱 NY/T 431—2009	果酱	包括块状和泥状，如草莓酱、桃子酱等
		番茄酱	
58	绿色食品白酒 NY/T 432—2000	白酒	酒精度在 55% 以下的白酒
59	绿色食品植物蛋白饮料 NY/T 433—2000	豆奶（乳）	
		豆浆	
		豆奶（乳）饮料	
		椰子汁（乳）	

（续表）

四、加工产品标准			
序号	标准名称	适用产品名称	适用产品别名及说明
59	绿色食品植物蛋白饮料 NY/T 433—2000	杏仁露（乳） 核桃露（乳） 花生露（乳） 其他植物蛋白饮料	用有一定蛋白质含量的植物果实、种子或果仁等为原料，经加工制得（可经乳酸菌发酵）的浆液中加水，或加入其他食品配料制成的饮料
60	绿色食品果蔬汁饮料 NY/T 434—2007	果汁	由完好的、成熟适度的新鲜水果或适当物理方法保存的水果的可食部分制得的可发酵但未发酵的汁体。包括果汁、果浆
		蔬菜汁	由完好的、成熟适度的新鲜蔬菜或适当物理方法保存的蔬菜的可食部分制得的可发酵但未发酵的汁体
		浓缩果汁	由果汁经物理脱水制得的可溶性固形物提高50%以上的浓稠液体。包括浓缩果汁、浓缩果浆
		浓缩蔬菜汁	由蔬菜汁经物理脱水制得的可溶性固形物提高50%以上的浓稠液体
		果汁饮料	由果汁或浓缩果汁加水，还可加糖、蜂蜜、糖浆和甜味剂制得的稀释液体。包括果肉饮料、果汁饮料、果粒果汁饮料、水果饮料、水果饮料浓浆
		蔬菜汁饮料	由蔬菜汁或浓缩蔬菜汁加水，还可加糖、蜂蜜、糖浆和甜味剂制得的稀释液体。包括蔬菜汁饮料、复合果蔬汁、发酵蔬菜汁饮料、食用菌饮料、藻类饮料、蕨类饮料
61	绿色食品水果、蔬菜脆片 NY/T 435—2012	水果、蔬菜脆片	以水果、蔬菜为主要原料，经或不经切片（条、块），采用真空油炸脱水或非油炸脱水工艺，添加或不添加其他辅料制成的口感酥脆的水果、蔬菜干制品
62	绿色食品蜜饯 NY/T 436—2009	糖渍类	原料经糖熬煮或浸渍、干燥（或不干燥）等工艺制成的带有湿润糖液或浸渍在浓糖液中的制品
		糖霜类	原料经加糖熬煮干燥等工艺制成的表面附有白色糖霜的制品
		果脯类	原料经糖渍、干燥等工艺制成的略有透明干，表面无糖析出的制品
		凉果类	原料经盐渍、糖渍、干燥等工艺制成的半干态制品

（续表）

四、加工产品标准			
序号	标准名称	适用产品名称	适用产品别名及说明
62	绿色食品蜜饯 NY/T 436—2009	话化类	原料经盐渍、糖渍（或不糖渍）、干燥（或干燥后磨碎制成各种形态的干态制品）等工艺制成的制品
		果糕类	原料加工成酱状，经加工成型、浓缩干燥等工艺制成的制品，分为糕类、条（果丹皮）类和片类
63	绿色食品酱腌菜 NY/T 437—2012	酱渍菜	蔬菜咸坯经脱盐脱水后，再经甜酱、黄酱酱渍而成的制品。如扬州酱菜、镇江酱菜等
		糖醋渍菜	蔬菜咸坯经脱盐脱水后，再用糖渍、醋渍或糖醋渍制作而成的制品。如白糖蒜、蜂蜜蒜米、甜酸藠头、糖醋萝卜等
		酱油渍菜	蔬菜咸坯经脱盐脱水后，用酱油与调味料、香辛料混合浸渍而成的制品。如五香大头菜、榨菜萝卜、辣油萝卜丝、酱海带丝等
		虾油渍菜	新鲜蔬菜先经盐渍或不经盐渍，再用新鲜虾油浸渍而成的制品。如锦州虾油小菜、虾油小黄瓜等
		盐水渍菜	以新鲜蔬菜为原料，用盐水及香辛料混合腌制，经发酵或非发酵而成的制品。如泡菜、酸黄瓜、盐水笋等
		盐渍菜	以新鲜蔬菜为原料，用食盐盐渍而成的湿态、半干态、干态制品。如咸大头菜、榨菜、萝卜干等
		糟渍菜	蔬菜咸坯用酒糟或醪糟糟渍而成的制品。如糟瓜等
		其他类	除以上分类以外，其他以蔬菜为原料制作而成的制品。如糖冰姜、藕脯、酸甘蓝、米糠萝卜等
64	绿色食品食用植物油 NY/T 751—2011	菜籽油	
		低芥酸菜籽油	
		大豆油	
		花生油	
		棉籽油	
		芝麻油	
		亚麻籽油	胡麻油
		葵花籽油	

四、加工产品标准

序号	标准名称	适用产品名称	适用产品别名及说明
64	绿色食品食用植物油 NY/T 751—2011	玉米油	
		油茶籽油	
		米糠油	
		核桃油	
		红花籽油	
		葡萄籽油	
		橄榄油	
		食用调和油	
		其他食用植物油	
65	绿色食品黄酒 NY/T 897—2004	传统型干黄酒	
		传统型半干黄酒	
		传统型半甜黄酒	
		传统型甜黄酒	
		清爽型干黄酒	感官、理化要求执行《黄酒》（GB/T13662—2008）
		清爽型半干黄酒	感官、理化要求执行《黄酒》（GB/T13662—2008）
		清爽型半甜黄酒	感官、理化要求执行《黄酒》（GB/T13662—2008）
		清爽型甜黄酒	感官、理化要求执行《黄酒》（GB/T13662—2008）
		特型黄酒	感官、理化要求执行《黄酒》（GB/T13662—2008）
66	绿色食品含乳饮料 NY/T 898—2004	配制型含乳饮料	以乳或乳制品为原料，加入水，以及食糖和（或）甜味剂、酸味剂、果汁、茶、咖啡、植物提取液等的一种或几种调制而成的饮料
		发酵型含乳饮料	以乳或乳制品为原料，经乳酸菌等有益菌培养发酵制得的乳液中加入水，以及食糖和（或）甜味剂、酸味剂、果汁、茶、咖啡、植物提取液等的一种或几种调制而成的饮料。按杀菌方式分为杀菌型和非杀菌型

（续表）

四、加工产品标准

序号	标准名称	适用产品名称	适用产品别名及说明
67	绿色食品 冷冻饮品 NY/T 899—2004	冰淇淋 雪泥 雪糕 冰棍 甜味冰 食用冰	
68	绿色食品 发酵调味 品 NY/T 900—2007	高盐稀态发酵酱油 低盐固态发酵酱油 其他酿造酱油 固态发酵食醋 液态发酵食醋 其他酿造食醋 豆酱 面酱 红腐乳 白腐乳 青腐乳 酱腐乳 豆豉	包括固稀发酵酱油 包括黄豆酱、蚕豆酱、杂豆酱等 包括小麦面酱、杂面酱等
69	绿色食品 淀粉及淀 粉制品 NY/T 1039—2006	米淀粉 玉米淀粉 高粱淀粉 麦淀粉 绿豆淀粉 蚕豆淀粉 豌豆淀粉 豇豆淀粉 混合豆淀粉 菱（淀）粉 荸荠淀粉 橡子淀粉 百合淀粉 慈姑淀粉	包括糯米淀粉、粳米淀粉和籼米淀粉 包括白玉米淀粉、黄玉米淀粉 包括小麦淀粉、大麦淀粉和黑麦淀粉

（续表）

四、加工产品标准			
序号	标准名称	适用产品名称	适用产品别名及说明
69	绿色食品 淀粉及淀 粉制品 NY/T 1039—2006	西米淀粉	
		木薯淀粉	
		甘薯淀粉	
		马铃薯淀粉	
		豆薯淀粉	
		竹芋淀粉	
		山药淀粉	
		蕉芋淀粉	
		葛淀粉	
		魔芋粉	感官、理化要求执行《魔芋粉》（NY/T 494—2010）二级指标，卫生要求执行本标准中"淀粉制品"指标要求
		魔芋条（块）	按标准中"淀粉制品"要求执行
		淀粉制成的粉丝、粉条、粉皮等产品	
70	绿色食品 食用盐 NY/T 1040—2012	精制盐	
		粉碎洗涤盐	
		日晒盐	
		低钠盐	包括天然低钠的食盐（如雪花盐等）和以食盐为主体，配比一定量钾盐的食盐
71	绿色食品 干果 NY/T 1041—2010	荔枝干	
		桂圆干（桂圆肉）	
		葡萄干	
		柿饼	
		干枣	
		杏干	包括包仁杏干
		香蕉片	
		无花果干	
		酸梅（乌梅）干	
		山楂干	
		苹果干	
		菠萝干	
		芒果干	

（续表）

四、加工产品标准

序号	标准名称	适用产品名称	适用产品别名及说明
71	绿色食品 干果 NY/T 1041—2010	梅干 桃干 猕猴桃干 草莓干 其他干果	
72	绿色食品 藕及其制 品 NY/T 1044—2007	鲜藕 藕粉	
73	绿色食品 脱水蔬菜 NY/T 1045—2006	脱水蔬菜	
74	绿色食品 焙烤食品 NY/T 1046—2006	面包 面包干 烤馍片 土司 饼干 蛋卷 华夫饼干 薄酥饼 月饼 煎饼 烤制糕点	威化饼干 包括烤油酥类、烤松酥类、烤酥皮包馅类、浆酥皮包馅类、松酥包馅类、烤制蛋糕（包括松脆类、烘糕类）
75	绿色食品 水果、蔬 菜罐头 NY/T 1047—2006	清渍类蔬菜罐头 醋渍类蔬菜罐头 调味类蔬菜罐头	

（续表）

四、加工产品标准

序号	标准名称	适用产品名称	适用产品别名及说明
75	绿色食品水果、蔬菜罐头 NY/T 1047—2006	盐渍（酱渍）类蔬菜罐头	
		糖水类水果罐头	
		糖浆类水果罐头	
		果酱类罐头	包括果冻罐头、果汁果冻罐头、果酱罐头
		果汁类罐头	注：果汁类罐头产品执行《绿色食品 果蔬汁饮料》标准（NY/T 434—2007）
76	绿色食品笋及笋制品 NY/T 1048—2012	鲜竹笋	
		保鲜竹笋	以新鲜竹笋为原料，经去壳、漂洗、煮制等初级加工处理后，再经包装、密封、杀菌制成的竹笋制品
		方便竹笋	以竹笋为主要原料经漂洗、切制、配料、发酵或不发酵、调味、包装等加工制作工艺，可直接食用或稍事烹调即可食用的除保鲜竹笋以外的竹笋制品
		竹笋干	以新鲜竹笋为原料，经预处理、盐腌发酵后干燥或非发酵直接干燥而成的竹笋干制品
77	绿色食品豆制品 NY/T1052—2006	南豆腐	
		北豆腐	
		冻豆腐	
		内酯豆腐	
		白豆腐干	
		咸豆腐干	
		五香豆腐干	
		麻辣豆腐干	
		多味豆腐干	
		熏干	
		豆腐片	
		炸豆腐泡	
		炸豆腐丝	
		炸臭豆腐干	
		炸素丸子	
		卤汁豆腐干	
		卤汁豆腐丝	

（续表）

四、加工产品标准

序号	标准名称	适用产品名称	适用产品别名及说明
77	绿色食品豆制品 NY/T 1052—2006	素鸡 素什锦 腐竹 甜片 豆腐皮 大豆蛋白肉 豆花 大豆蛋白粉 豆粉 豆奶粉 食用豆粕 其他豆制品	包括油皮、甜竹（月片、厚片）
78	绿色食品味精 NY/T 1053—2006	味精	包括含谷氨酸钠99%、95%、90%、80%的味精
79	绿色食品固体饮料 NY/T 1323—2007	果汁粉 茶粉 姜汁粉 果味型固体饮料 咖啡粉 杏仁露粉 固体汽水（泡腾片） 麦乳精 其他普通型固体饮料 其他蛋白型固体饮料	 不包括烧煮型 以糖、果汁或经烘烤的咖啡、茶叶、菊花、茅根等植物抽提物为主要原料，添加或不添加其他辅料制成的、蛋白质含量低于7%的制品 以乳及乳制品、蛋及蛋制品、其他植物蛋白为主要原料，添加或不添加其他辅料制成的蛋白质含量大于或等于7%的制品
80	绿色食品鱼糜制品 NY/T 1327—2007	鱼丸 鱼糕 鱼饼 烤鱼卷	

（续表）

四、加工产品标准

序号	标准名称	适用产品名称	适用产品别名及说明
80	绿色食品 鱼糜制品 NY/T 1327—2007	虾丸 虾饼 墨鱼丸 贝肉丸 模拟扇贝柱 模拟蟹肉 鱼肉香肠 其他鱼糜制品	
81	绿色食品 鱼罐头 NY/T 1328—2007	油浸（熏制） 类鱼罐头 调味类鱼罐头 清蒸类鱼罐头	包括红烧、茄汁、葱烤、 鲜炸、五香、豆豉、酱油等
82	绿色食品 方便主食品 NY/T 1330—2007	非油炸方便面 方便米线（粉） 方便米饭 方便粥 方便粉丝	
83	绿色食品 速冻蔬菜 NY/T14 06—2007	速冻蔬菜	未煮过的或用蒸气或开水蒸煮过的冷冻蔬菜
84	绿色食品 速冻预包 装面米 食品 NY/T 1407—2007	速冻饺子 速冻馄饨 速冻包子 速冻烧卖 速冻汤圆 速冻圆宵 速冻馒头 速冻花卷 速冻粽子 速冻春卷	

（续表）

四、加工产品标准			
序号	标准名称	适用产品名称	适用产品别名及说明
84	绿色食品速冻预包装面米食品 NY/T 1407—2007	速冻南瓜饼	
		其他速冻预包装面米食品	
85	绿色食品山野菜 NY/T 1507—2007	干制、保鲜或腌制的蕨菜制品	蕨菜别名：蕨薹、龙头菜、鹿蕨菜、蕨儿菜
		干制、保鲜或腌制的薇菜制品	薇菜别名：大巢菜、扫帚菜、野绿豆、野召子、高脚贯仲、紫鸡
		干制、保鲜或腌制的完达蜂斗菜制品	完达蜂斗菜别名：黑瞎子菜、掌叶蜂斗菜
		干制、保鲜的马齿苋制品	马齿苋别名：长命菜、五行草、马蛇子菜、瓜子菜、酸米菜、浆瓣菜
		干制、保鲜的薄菜制品	薄菜别名：野油菜
		干制、保鲜的车前草制品	车前草别名：车轮菜、牛舌菜、蛤蟆衣
		干制、保鲜的蒌蒿制品	蒌蒿别名：蒌蒿薹、芦蒿、水蒿、香艾蒿、小艾、水艾
		干制、保鲜或腌制的沙芥制品	沙芥别名：山萝卜
		干制、保鲜或腌制的马兰制品	马兰别名：马兰头、鸡儿肠
		干制、保鲜的戢菜制品	戢菜别名：戢儿菜、菹菜、鱼腥草、鱼鳞草
		干制、保鲜的苦苣菜制品	
		其他干制、保鲜或腌制的山野菜制品	
			注：不适用于叶菜类山野菜的腌制产品

（续表）

四、加工产品标准

序号	标准名称	适用产品名称	适用产品别名及说明
86	绿色食品果酒 NY/T 1508—2007	干型果酒 半干型果酒 半甜型果酒 甜型果酒	以新鲜水果或果汁为原料，经全部或部分发酵酿制成的、酒精度为 7%～18%（体积分数）的发酵酒
87	绿色食品芝麻及其制品 NY/T 1509～2007	白芝麻 黑芝麻 其他纯色芝麻 其他杂色芝麻 脱皮芝麻 芝麻酱 芝麻糊（粉） 芝麻糖	
88	绿色食品麦类制品 NY/T 1510—2007	麦类饼干 麦类面包 麦类糕点 烤制荞麦 其他焙烤型麦类制品 燕麦片（糊） 大麦片（糊） 荞麦片（糊） 大麦茶 苦荞茶 其他即食型麦类制品 大麦麦芽 发芽麦粒 麦芽糊精 其他发芽麦类制品	
89	绿色食品膨化食品 NY/T 1511—2007	玉米花 大米花 大米饼	

（续表）

四、加工产品标准

序号	标准名称	适用产品名称	适用产品别名及说明
89	绿色食品 膨化食品 NY/T 1511—2007	米花糖 米果 锅巴 膨化麦仁 虾条 蛋卷 膨化土豆片（条）	
		其他膨化食品	以谷类、豆类、薯类等为主要原料，经焙烤、挤压膨化而成的食品（不包括油炸型）
90	绿色食品 生面食、米粉制品 NY/T 1512—2007	小米粉 高粱粉 大麦粉 莜麦粉 荞麦粉 青稞粉 黑麦粉 燕麦粉 其他谷物粉	
		挂面	包括各种花色挂面
		切面 线面 通心粉 饺子皮 馄饨皮 米线	
		大米粉	包括籼米粉、粳米粉、糯米粉
		其他生面食、米粉制品	
91	绿色食品 水产调味品 NY/T 1710—2009	蚝油 鱼露 虾酱	

（续表）

四、加工产品标准

序号	标准名称	适用产品名称	适用产品别名及说明
91	绿色食品水产调味品 NY/T 1710—2009	虾油 海鲜粉调味料	以海产鱼、虾、贝类酶解物或其浓缩抽提物为主原料，以味精、食用盐等为辅料，经加工而成具有海鲜味的复合调味料
92	绿色食品辣椒制品 NY/T 1711—2009	干辣椒制品	包括辣椒干、辣椒圈、辣椒粉、辣椒条等产品
		油辣椒	可供佐餐或复合调味的熟制食用油和辣椒的混合体
		发酵辣椒制品	以鲜辣椒或干辣椒为主要原料，可加或不加辅料，经破碎、发酵等特定工艺加工而制成的酱状或碎状产品，如豆瓣辣酱、辣椒酱等
		其他辣椒制品	以鲜辣椒或干辣椒为主要原料，经破碎或不破碎、非发酵等工艺加工而制除去干辣椒和油辣椒的产品，如油炸辣椒，拌有佐料辣椒片、辣椒条等
93	绿色食品干制水产品 NY/T 1712—2009	鱼类干制品	包括生干品（如鱼肚、鳗鲞、银鱼干等）、煮干品、盐干品（如大黄鱼鲞、鳕鱼干等）、调味干制品（如五香烤鱼、鱼松、烤鱼片、调味烤鳗等）
		虾类干制品	包括生干品（如虾干）、煮干品（如虾米、虾皮等）、盐干虾制品和调味干虾制品等
		贝类干制品	包括生干品、煮干品、盐干品和调味干制品，如干贝、鲍鱼干、贻贝干、海螺干、牡蛎干等
		其他类干制水产品	包括鱼翅、鱼肚、鱼唇、墨鱼干、鱿鱼干、章鱼干等（不包括海参和藻类干制品）
94	绿色食品茶饮料 NY/T 1713—2009	红茶饮料 花茶饮料 乌龙茶饮料	绿茶饮料
		其他茶饮料	包括鲜竹和竹叶经粉碎、浸提后添加食用糖等制成的竹汁饮料
		奶茶饮料 奶味茶饮料	
		其他调味茶饮料	包括果汁茶饮料、果味茶饮料、碳酸茶饮料等
		复（混）合茶饮料	以茶叶和植（谷）物的水提取液或其干燥粉为原料，加工制成的具有茶与植（谷）物混合风味的液体饮料

（续表）

四、加工产品标准

序号	标准名称	适用产品名称	适用产品别名及说明
95	绿色食品婴幼儿谷粉 NY/T 1714—2009	婴幼儿谷粉	以一种或几种谷类为主要原料，可以用水果、蔬菜、蛋类、肉类、豆类等，作为辅料，为适应婴幼儿这种特殊适用人群的快速生长的需要，通常要添加适量的维生素和微量元素等营养强化剂。外观有粉状、片状，分为即食类（产品已经热加工熟化，用温开水或牛奶等冲调即可食用），非即食类（产品未经熟化，应煮熟方可食用）
96	绿色食品果蔬粉 NY/T 1884—2010	原料型果蔬粉	以水果、蔬菜或坚果为单一原料，经筛选（去壳）、清洗、打浆、均质、杀菌、干燥等工艺生产，提供食品工业作为配料使用的粉状果蔬产品
		即食型果蔬粉	以一种或一种以上原料型果蔬粉为主要配料，添加或不添加食糖等辅料加工而成的可供直接食用的粉状冲调果蔬食品
97	绿色食品米酒 NY/T 1885—2010	糟米型米酒	所含的酒糟为米粒状糟米的米酒。包括普通米酒（酒精度 0.5% mass 以上）和无醇米酒（酒精度 0.1%~0.5% mass）
		均质型米酒	经胶磨和均质处理后，呈糊状均质的米酒。包括普通米酒（酒精度 0.5% mass 以上）和无醇米酒（酒精度 0.1%~0.5% mass）
		清汁型米酒	经过滤去除酒糟后的米酒。包括普通米酒（酒精度 0.5% mass 以上）和无醇米酒（酒精度 0.1%~0.5% mass）
		花色型米酒	糟米型米酒添加各种果粒或粮谷、薯类、食用菌、中药材等的一种或多种辅料制成的不同特色风味的米酒。包括普通米酒（酒精度 0.5% mass 以上）和无醇米酒（酒精度 0.1%~0.5% mass）
98	绿色食品复合调味料 NY/T 1886—2010	固态复合调味料	以两种或两种以上调味品为主要原料，添加或不添加辅料，加工而成的呈固态的复合调味料。包括鸡精调味料、鸡粉调味料、牛肉粉调味料、排骨粉调味料、其他固态调味料，不包括海鲜粉调味料
		液态复合调味料	以两种或两种以上调味品为主要原料，添加或不添加辅料，加工而成的呈液态的复合调味料。包括鸡汁调味料等

（续表）

四、加工产品标准

序号	标准名称	适用产品名称	适用产品别名及说明
98	绿色食品复合调味料 NY/T 1886—2010	复合调味酱	以两种或两种以上的调味品为主要原料，添加或不添加其他辅料，加工而成的呈酱状的复合调味酱。包括风味酱（以肉类、鱼类、贝类、果蔬、植物油、香辛调味料、食品添加剂和其他辅料配合制成的具有某种风味的调味酱）、沙拉酱、蛋黄酱等
99	绿色食品乳清制品 NY/T 1887—2010	乳清粉	包括脱盐乳清粉、非脱盐乳清粉
		乳清蛋白粉	包括乳清浓缩蛋白粉、乳清分离蛋白粉
100	绿色食品软体动物休闲食品 NY/T 1888—2010	头足类休闲食品	鱿鱼丝、墨鱼丝、鱿鱼片、即食小章鱼等，不适用于熏制产品
		贝类休闲食品	即食扇贝、多味贻贝、即食牡蛎等，不适用于熏制产品
101	绿色食品烘炒食品 NY/T 1889—2010	烘炒食品	以果蔬籽、果仁、坚果等为主要原料，添加或不添加辅料，经烘烤或炒制而成的食品，不包括以花生和芝麻为主要原料的烘炒食品
102	绿色食品蒸制类糕点 NY/T 1890—2010	蒸蛋糕类	以鸡蛋为主要原料，经打蛋、调糊、注模、蒸制而成的组织松软的制品
		印模糕类	以熟或生的原辅料，经拌合、印模成型、熟制或不熟制而成的口感松软的糕类制品
		韧糕类	以糯米粉、糖为主要原料，经蒸制、成形而成的韧性糕类制品
		发糕类	以小麦粉或米粉为主要原料调制成面团，经发酵、蒸制、成形而成的带有蜂窝状组织的松软糕类制品
		松糕类	以粳米粉、糯米粉为主要原料调制成面团，经成形、蒸制而成的口感松软的糕类制品
		其他蒸制类糕点	包括馒头、花卷产品
103	绿色食品配制酒 NY/T 2104—2011	植物类配制酒	利用植物的花、叶、根、茎、果为香源及营养源，经再加工制成的、具有明显植物香及有效成分的配制酒
		动物类配制酒	利用食用动物及其制品为香源及营养源，经再加工制成的、具有明显动物脂香及有效成分的配制酒

（续表）

四、加工产品标准

序号	标准名称	适用产品名称	适用产品别名及说明
103	绿色食品配制酒 NY/T 2104—2011	动植物类配制酒	同时利用动物、植物有效成分制成的配制酒
		其他类配制酒	
104	绿色食品汤类罐头 NY/T 2105—2011	汤类罐头	以符合要求的畜禽产品、水产品和蔬菜类等为原料，经加水烹调等加工后装罐而制成的罐头产品
105	绿色食品谷物类罐头 NY/T 2106—2011	面食罐头	以谷物面粉为原料制成面条，经蒸煮或油炸、调配，配或不配蔬菜、肉类等配菜罐装制成的罐头产品。如茄汁肉沫面、鸡丝炒面、刀削面、面筋等罐头
		米饭罐头	以大米为原料经蒸煮成熟，配以蔬菜、肉类等配菜调配罐装成的罐头产品，以及经过处理后的谷物、干果及其他原料（桂圆、枸杞等）装罐制成的罐头产品。如米饭罐头、八宝饭罐头等
		粥类罐头	以谷物为主要原料配以豆类、干果、蔬菜、水果中的一种或几种原料经处理后装罐制成的内容物为粥状的罐头产品。如八宝粥罐头、水果粥罐头、蔬菜粥罐头等
106	绿色食品食品馅料 NY/T 2107—2011	食品馅料	以植物的果实或块茎、肉与肉制品、蛋及蛋制品、水产制品、油等为原料，加糖或不加糖，添加或不添加其他辅料，经工业化生产用于食品行业的产品。包括焙烤食品用馅料、冷冻食品用馅料和速冻食品用馅料
107	绿色食品熟粉及熟米制糕点 NY/T 2108—2011	熟粉糕点	将谷物粉或豆类预先熟制，然后与其他原辅料混合而成的一类糕点
		熟米制糕点	将米预先熟制，添加（或不添加）适量辅料，加工（黏合）成型的一类糕点
108	绿色食品鱼类休闲食品 NY/T 2109—2011	鱼类休闲食品	以鲜或冻鱼及鱼肉为主要原料直接或经过腌制、熟制、干制、调味等工艺加工制成的开袋即食产品。不适用于鱼类罐头制品、鱼类膨化食品、鱼骨制品
109	绿色食品淀粉糖和糖浆 NY/T 2110—2011	食用葡萄糖	包括结晶葡萄糖
		低聚异麦芽糖	包括粉状和糖浆状
		麦芽糖	包括粉状和糖浆状
		果葡糖浆	

（续表）

四、加工产品标准

序号	标准名称	适用产品名称	适用产品别名及说明
109	绿色食品淀粉糖和糖浆 NY/T 2110—2011	麦芽糊精	适用于以玉米为原料生产的麦芽糊精产品
		葡萄糖浆	
110	绿色食品调味油 NY/T 2111—2011	调味植物油	按照食用植物油加工工艺，经压榨或萃取植物果实或籽粒中的呈味成分的植物油。如花椒籽油等
		香辛料调味油	以食用植物油为主要原料，萃取或添加香辛料植物或籽粒中呈味成分于植物油中，制成的植物油。如蒜油、姜油、辣椒油、花椒油、藤椒油、芥末油、草果油、麻辣油等

五、参照执行的国家标准和行业标准

序号	标准名称	适用产品名称	适用产品别名及说明
111	饮用天然矿泉水 GB 8537—2008	矿泉水	
112	啤酒花制品 GB 20369—2006	适用于烘烤加工压缩成包的压缩啤酒花、经粉碎压缩成型的颗粒啤酒花和经萃取而成的二氧化碳酒花浸膏	
113	瓶（桶）装饮用水卫生标准 GB 19298—2003	适用于经过滤、灭菌等工艺处理并装在密封的容器中可直接饮用的水	不适用于饮用天然矿泉水和瓶（桶）装饮用纯净水
114	糖果卫生标准 GB 9678.1—2003	适用于以白砂糖、淀粉糖浆、乳制品、凝胶剂等为原料，按照一定工艺加工而成的糖果	

（续表）

五、参照执行的国家标准和行业标准

序号	标准名称	适用产品名称	适用产品别名及说明
115	鲜、冻动物性水产品卫生标准 GB 2733—2005	除鱼、虾、蟹、贝、海参、藻类和海蜇等产品外的鲜、冻水产品	
116	果冻 GB 19883—2005	果冻	
117	稻谷 GB 1350—2009	稻谷	
118	调味料酒 SB/T 10416—2007	调味料酒	以发酵酒、蒸馏酒或食用酒精成分为主体，添加食用盐（可加入植物香辛料），配制加工而成的液体调味品
119	海胆制品 SC/T 3902—2001	鲜海胆黄	卫生要求执行 GB 2733—2005
		盐渍海胆黄	卫生要求执行 GB 2733—2005
		海胆酱	卫生要求执行 GB 2733—2005
120	冻裹面包屑虾 GB/T 21672—2008	适用于将新鲜或速冻的虾仁、凤尾虾、蝴蝶虾、虾球等裹面包屑或挂浆的速冻产品或预炸品	
121	冻裹面包屑鱼 GB/T 22180—2008	适用于将鲜鱼、冻鱼、冻鱼片、或由碎鱼肉组成的冻鱼条和鱼块裹面包屑或挂浆的冻结产品或预炸品。	
122	松花粉 GH/T 1030—2004	松花粉	

附录三　农产品质量安全法

《中华人民共和国农产品质量安全法》（2006 年 4 月 29 日第
十届全国人民代表大会常务委员会第二十一次会议通过）

第一章　总　则

第一条　为保障农产品质量安全，维护公众健康，促进农业
和农村经济发展，制定本法。

第二条　本法所称农产品，是指来源于农业的初级产品，即
在农业活动中获得的植物、动物、微生物及其产品。

本法所称农产品质量安全，是指农产品质量符合保障人的健
康、安全的要求。

第三条　县级以上人民政府农业行政主管部门负责农产品质
量安全的监督管理工作；县级以上人民政府有关部门按照职责分
工，负责农产品质量安全的有关工作。

第四条　县级以上人民政府应当将农产品质量安全管理工作
纳入本级国民经济和社会发展规划，并安排农产品质量安全经
费，用于开展农产品质量安全工作。

第五条　县级以上地方人民政府统一领导、协调本行政区域

内的农产品质量安全工作，并采取措施，建立健全农产品质量安全服务体系，提高农产品质量安全水平。

第六条　国务院农业行政主管部门应当设立由有关方面专家组成的农产品质量安全风险评估专家委员会，对可能影响农产品质量安全的潜在危害进行风险分析和评估。

国务院农业行政主管部门应当根据农产品质量安全风险评估结果采取相应的管理措施，并将农产品质量安全风险评估结果及时通报国务院有关部门。

第七条　国务院农业行政主管部门和省、自治区、直辖市人民政府农业行政主管部门应当按照职责权限，发布有关农产品质量安全状况信息。

第八条　国家引导、推广农产品标准化生产，鼓励和支持生产优质农产品，禁止生产、销售不符合国家规定的农产品质量安全标准的农产品。

第九条　国家支持农产品质量安全科学技术研究，推行科学的质量安全管理方法，推广先进安全的生产技术。

第十条　各级人民政府及有关部门应当加强农产品质量安全知识的宣传，提高公众的农产品质量安全意识，引导农产品生产者、销售者加强质量安全管理，保障农产品消费安全。

第二章　农产品质量安全标准

第十一条　国家建立健全农产品质量安全标准体系。农产品质量安全标准是强制性的技术规范。

农产品质量安全标准的制定和发布，依照有关法律、行政法规的规定执行。

第十二条　制定农产品质量安全标准应当充分考虑农产品质量安全风险评估结果，并听取农产品生产者、销售者和消费者的意见，保障消费安全。

第十三条　农产品质量安全标准应当根据科学技术发展水平

以及农产品质量安全的需要，及时修订。

第十四条　农产品质量安全标准由农业行政主管部门商有关部门组织实施。

第三章　农产品产地

第十五条　县级以上地方人民政府农业行政主管部门按照保障农产品质量安全的要求，根据农产品品种特性和生产区域大气、土壤、水体中有毒有害物质状况等因素，认为不适宜特定农产品生产的，提出禁止生产的区域，报本级人民政府批准后公布。具体办法由国务院农业行政主管部门商国务院环境保护行政主管部门制定。

农产品禁止生产区域的调整，依照前款规定的程序办理。

第十六条　县级以上人民政府应当采取措施，加强农产品基地建设，改善农产品的生产条件。

县级以上人民政府农业行政主管部门应当采取措施，推进保障农产品质量安全的标准化生产综合示范区、示范农场、养殖小区和无规定动植物疫病区的建设。

第十七条　禁止在有毒有害物质超过规定标准的区域生产、捕捞、采集食用农产品和建立农产品生产基地。

第十八条　禁止违反法律、法规的规定向农产品产地排放或者倾倒废水、废气、固体废物或者其他有毒有害物质。

农业生产用水和用作肥料的固体废物，应当符合国家规定的标准。

第十九条　农产品生产者应当合理使用化肥、农药、兽药、农用薄膜等化工产品，防止对农产品产地造成污染。

第四章　农产品生产

第二十条　国务院农业行政主管部门和省、自治区、直辖市人民政府农业行政主管部门应当制定保障农产品质量安全的生产技术要求和操作规程。县级以上人民政府农业行政主管部门应当加强对农产品生产的指导。

第二十一条 对可能影响农产品质量安全的农药、兽药、饲料和饲料添加剂、肥料、兽医器械，依照有关法律、行政法规的规定实行许可制度。

国务院农业行政主管部门和省、自治区、直辖市人民政府农业行政主管部门应当定期对可能危及农产品质量安全的农药、兽药、饲料和饲料添加剂、肥料等农业投入品进行监督抽查，并公布抽查结果。

第二十二条 县级以上人民政府农业行政主管部门应当加强对农业投入品使用的管理和指导，建立健全农业投入品的安全使用制度。

第二十三条 农业科研教育机构和农业技术推广机构应当加强对农产品生产者质量安全知识和技能的培训。

第二十四条 农产品生产企业和农民专业合作经济组织应当建立农产品生产记录，如实记载下列事项：

（一）使用农业投入品的名称、来源、用法、用量和使用、停用的日期；

（二）动物疫病、植物病虫草害的发生和防治情况；

（三）收获、屠宰或者捕捞的日期。

农产品生产记录应当保存二年。禁止伪造农产品生产记录。

国家鼓励其他农产品生产者建立农产品生产记录。

第二十五条 农产品生产者应当按照法律、行政法规和国务院农业行政主管部门的规定，合理使用农业投入品，严格执行农业投入品使用安全间隔期或者休药期的规定，防止危及农产品质量安全。

禁止在农产品生产过程中使用国家明令禁止使用的农业投入品。

第二十六条 农产品生产企业和农民专业合作经济组织，应当自行或者委托检测机构对农产品质量安全状况进行检测；经检测不符合农产品质量安全标准的农产品，不得销售。

第二十七条　农民专业合作经济组织和农产品行业协会对其成员应当及时提供生产技术服务，建立农产品质量安全管理制度，健全农产品质量安全控制体系，加强自律管理。

第五章　农产品包装和标识

第二十八条　农产品生产企业、农民专业合作经济组织以及从事农产品收购的单位或者个人销售的农产品，按照规定应当包装或者附加标识的，须经包装或者附加标识后方可销售。包装物或者标识上应当按照规定标明产品的品名、产地、生产者、生产日期、保质期、产品质量等级等内容；使用添加剂的，还应当按照规定标明添加剂的名称。具体办法由国务院农业行政主管部门制定。

第二十九条　农产品在包装、保鲜、贮存、运输中所使用的保鲜剂、防腐剂、添加剂等材料，应当符合国家有关强制性的技术规范。

第三十条　属于农业转基因生物的农产品，应当按照农业转基因生物安全管理的有关规定进行标识。

第三十一条　依法需要实施检疫的动植物及其产品，应当附具检疫合格标志、检疫合格证明。

第三十二条　销售的农产品必须符合农产品质量安全标准，生产者可以申请使用无公害农产品标志。农产品质量符合国家规定的有关优质农产品标准的，生产者可以申请使用相应的农产品质量标志。

禁止冒用前款规定的农产品质量标志。

第六章　监督检查

第三十三条　有下列情形之一的农产品，不得销售：

（一）含有国家禁止使用的农药、兽药或者其他化学物质的；

（二）农药、兽药等化学物质残留或者含有的重金属等有毒有害物质不符合农产品质量安全标准的；

（三）含有的致病性寄生虫、微生物或者生物毒素不符合农产品质量安全标准的；

（四）使用的保鲜剂、防腐剂、添加剂等材料不符合国家有关强制性的技术规范的；

（五）其他不符合农产品质量安全标准的。

第三十四条　国家建立农产品质量安全监测制度。县级以上人民政府农业行政主管部门应当按照保障农产品质量安全的要求，制定并组织实施农产品质量安全监测计划，对生产中或者市场上销售的农产品进行监督抽查。监督抽查结果由国务院农业行政主管部门或者省、自治区、直辖市人民政府农业行政主管部门按照权限予以公布。

监督抽查检测应当委托符合本法第三十五条规定条件的农产品质量安全检测机构进行，不得向被抽查人收取费用，抽取的样品不得超过国务院农业行政主管部门规定的数量。上级农业行政主管部门监督抽查的农产品，下级农业行政主管部门不得另行重复抽查。

第三十五条　农产品质量安全检测应当充分利用现有的符合条件的检测机构。

从事农产品质量安全检测的机构，必须具备相应的检测条件和能力，由省级以上人民政府农业行政主管部门或者其授权的部门考核合格。具体办法由国务院农业行政主管部门制定。

农产品质量安全检测机构应当依法经计量认证合格。

第三十六条　农产品生产者、销售者对监督抽查检测结果有异议的，可以自收到检测结果之日起五日内，向组织实施农产品质量安全监督抽查的农业行政主管部门或者其上级农业行政主管部门申请复检。

采用国务院农业行政主管部门会同有关部门认定的快速检测方法进行农产品质量安全监督抽查检测，被抽查人对检测结果有异议的，可以自收到检测结果时起 4 小时内申请复检。复检不得采用快速检测方法。

因检测结果错误给当事人造成损害的，依法承担赔偿责任。

第三十七条 农产品批发市场应当设立或者委托农产品质量安全检测机构，对进场销售的农产品质量安全状况进行抽查检测；发现不符合农产品质量安全标准的，应当要求销售者立即停止销售，并向农业行政主管部门报告。

农产品销售企业对其销售的农产品，应当建立健全进货检查验收制度；经查验不符合农产品质量安全标准的，不得销售。

第三十八条 国家鼓励单位和个人对农产品质量安全进行社会监督。任何单位和个人都有权对违反本法的行为进行检举、揭发和控告。有关部门收到相关的检举、揭发和控告后，应当及时处理。

第三十九条 县级以上人民政府农业行政主管部门在农产品质量安全监督检查中，可以对生产、销售的农产品进行现场检查，调查了解农产品质量安全的有关情况，查阅、复制与农产品质量安全有关的记录和其他资料；对经检测不符合农产品质量安全标准的农产品，有权查封、扣押。

第四十条 发生农产品质量安全事故时，有关单位和个人应当采取控制措施，及时向所在地乡级人民政府和县级人民政府农业行政主管部门报告；收到报告的机关应当及时处理并报上一级人民政府和有关部门。发生重大农产品质量安全事故时，农业行政主管部门应当及时通报同级食品药品监督管理部门。

第四十一条 县级以上人民政府农业行政主管部门在农产品质量安全监督管理中，发现有本法第三十三条所列情形之一的农产品，应当按照农产品质量安全责任追究制度的要求，查明责任人，依法予以处理或者提出处理建议。

　　第四十二条　进口的农产品必须按照国家规定的农产品质量安全标准进行检验；尚未制定有关农产品质量安全标准的，应当依法及时制定，未制定之前，可以参照国家有关部门指定的国外有关标准进行检验。

第七章　法律责任

　　第四十三条　农产品质量安全监督管理人员不依法履行监督职责，或者滥用职权的，依法给予行政处分。

　　第四十四条　农产品质量安全检测机构伪造检测结果的，责令改正，没收违法所得，并处五万元以上十万元以下罚款，对直接负责的主管人员和其他直接责任人员处一万元以上五万元以下罚款；情节严重的，撤销其检测资格；造成损害的，依法承担赔偿责任。

　　农产品质量安全检测机构出具检测结果不实，造成损害的，依法承担赔偿责任；造成重大损害的，并撤销其检测资格。

　　第四十五条　违反法律、法规规定，向农产品产地排放或者倾倒废水、废气、固体废物或者其他有毒有害物质的，依照有关环境保护法律、法规的规定处罚；造成损害的，依法承担赔偿责任。

　　第四十六条　使用农业投入品违反法律、行政法规和国务院农业行政主管部门的规定的，依照有关法律、行政法规规定处罚。

　　第四十七条　农产品生产企业、农民专业合作经济组织未建立或者未按照规定保存农产品生产记录的，或者伪造农产品生产记录的，责令限期改正；逾期不改正的，可以处二千元以下罚款。

　　第四十八条　违反本法第二十八条规定，销售的农产品未按照规定进行包装、标识的，责令限期改正；逾期不改正的，可以处二千元以下罚款。

第四十九条 有本法第三十三条第四项规定情形，使用的保鲜剂、防腐剂、添加剂等材料不符合国家有关强制性的技术规范的，责令停止销售，对被污染的农产品进行无害化处理，对不能进行无害化处理的予以监督销毁；没收违法所得，并处二千元以上二万元以下罚款。

第五十条 农产品生产企业、农民专业合作经济组织销售的农产品有本法第三十三条第一项至第三项或者第五项所列情形之一的，责令停止销售，追回已经销售的农产品，对违法销售的农产品进行无害化处理或者予以监督销毁；没收违法所得，并处二千元以上二万元以下罚款。

农产品销售企业销售的农产品有前款所列情形的，依照前款规定处理、处罚。

农产品批发市场中销售的农产品有第一款所列情形的，对违法销售的农产品依照第一款规定处理，对农产品销售者依照第一款规定处罚。

农产品批发市场违反本法第三十七条第一款规定的，责令改正，处二千元以上二万元以下罚款。

第五十一条 违反本法第三十二条规定，冒用农产品质量标志的，责令改正，没收违法所得，并处二千元以上二万元以下罚款。

第五十二条 本法第四十四条、第四十七条至第四十九条、第五十条第一款、第四款和第五十一条规定的处理、处罚，由县级以上人民政府农业行政主管部门决定；第五十条第二款、第三款规定的处理、处罚，由工商行政管理部门决定。

法律对行政处罚及处罚机关有其他规定的，从其规定。但是，对同一违法行为不得重复处罚。

第五十三条　违反本法规定，构成犯罪的，依法追究刑事责任。

第五十四条　生产、销售本法第三十三条所列农产品，给消费者造成损害的，依法承担赔偿责任。

农产品批发市场中销售的农产品有前款规定情形的，消费者可以向农产品批发市场要求赔偿；属于生产者、销售者责任的，农产品批发市场有权追偿。消费者也可以直接向农产品生产者、销售者要求赔偿。

第八章　附　则

第五十五条　生猪屠宰的管理按照国家有关规定执行。

第五十六条　本法自 2006 年 11 月 1 日起施行。

参考文献

［1］邱承军．我国农产品安全现状评述［J］．农业网络信息，2007（2）：129－130.

［2］赵辉．我国农产品质量安全的探讨．农业环境与发展，2010（1）．

［3］章力建，章力建．关于农产品质量安全的若干思考．农业经济问题，2011（5）．

［4］王婷婷．中国农产品质量安全体系建设的对策研究．当代经济，2011（8）．